有趣的化学基础百科

酸和碱

ACIDS AND BASES

[美] 克里斯季·卢　著
游顺子　沈家豪　译

上海科学技术文献出版社
Shanghai Scientific and Technological Literature Press

图书在版编目（CIP）数据

酸和碱 /（美）克里斯季·卢著；游顺子，沈家豪译．
—上海：上海科学技术文献出版社，2024
ISBN 978-7-5439-8994-8

Ⅰ．①酸…　Ⅱ．①克…②游…③沈…　Ⅲ．①酸—青少年读物②碱—青少年读物　Ⅳ．①O611.6-49

中国国家版本馆 CIP 数据核字（2024）第 025304 号

图字：09-2020-499

选题策划：张　树
责任编辑：苏密娅　姚紫薇
封面设计：留白文化

酸和碱
SUAN HE JIAN
[美]克里斯季·卢　著　游顺子　沈家豪　译
出版发行：上海科学技术文献出版社
地　　址：上海市长乐路 746 号
邮政编码：200040
经　　销：全国新华书店
印　　刷：商务印书馆上海印刷有限公司
开　　本：650mm×900mm　1/16
印　　张：5.75
版　　次：2024 年 3 月第 1 版　2024 年 3 月第 1 次印刷
书　　号：ISBN 978-7-5439-8994-8
定　　价：38.00 元
http://www.sstlp.com

Contents 目 录

Chapter 01

第1章

酸和碱的世界

众所周知，世界的运转离不开酸和碱。这些化合物在化学实验室和制造业中被广泛使用，对于维持人体正常机能和环境健康也是必不可少的。酸具有酸味，能够溶解金属，并能与碱发生反应。如果没有酸，饮料、柠檬水和番茄酱的味道就不一样了。碱具有苦味，触感滑腻，能与酸发生反应。如果没有碱，蛋糕将不再松软可口，洗衣粉也会失去清洁功能。酸和碱都能使某些植物物质呈现不同的颜色，如果处理不当，就可能引起皮肤灼伤。如果没有酸和碱，就不会有炸药、心脏病药物和肥料。但另一方面，如果没有酸，就不会有破坏性的酸雨，金星表面也不会像个熔炉一样无法居住。

金星的硫酸云

地球并不是太阳系中唯一存在酸的行星。实际上，有些行星的酸含量远远超过地球。由于体积相似，地球和金星常被称作一对“姊妹星”。然而，这两颗行星的大气层却有着天壤之别。地球大气层由 79% 的氮、20% 的氧和 1% 的其他气体组成——非常适合人类和其他生物生存。而金星却被由二氧化碳、氮和硫酸组成的厚厚的云层包围，生物无法在这样的条件下生存。

科学家认为，金星大气中的硫来自火山喷发。地球也经历过同样的火山喷发。不过，地球上早期由于火山喷发而产生的硫都被固态硫化合物吸收了。在组成地壳的许多化合物中，硫是一种重要的元素。

元素是一种简单的化学物质，使用一般的化学方法不能使之分解成更简单的物质。化合物是由两种或两种以上元素经化学键合组成的物质。科学家认为，与地球不同，金星上不存在

图 1.1　金星周围厚厚的云层

注：云层由二氧化碳、氮和硫酸组成。生物无法在如此恶劣的条件下生存。

固态硫化合物，因为金星表面的温度高达约 900 ℉（480 ℃），远远高于硫的熔点 235 ℉（113 ℃）。在如此高温条件下，固态硫化合物根本无法形成。因此，金星上的硫并没有被岩石吸收，而是继续以化合物二氧化硫（SO_2）的形式漂浮在大气中。

金星大气中的二氧化硫通过两个不同的化学反应转变成硫酸。在第一个反应中，二氧化硫与氧气反应生成三氧化硫：

$$2SO_2 + O_2 = 2SO_3$$

二氧化硫　　氧气　　三氧化硫

与二氧化硫反应的氧气来自水（H_2O），金星大气中也含有水。当太阳的高能紫外线（UV）射到水分子上时，水分子就会分解成氢和氧——组成水的两种元素。

上述反应一经形成，三氧化硫就会与水蒸气反应生成硫酸：

$$SO_3 + H_2O = H_2SO_4$$

三氧化硫　　水　　硫酸

地球大气中也含有二氧化硫。化石燃料（如发电厂用的煤和汽车用的汽油）燃烧会释放二氧化硫。一旦进入大气层，二氧化硫就会经历与金星大气中相同的过程，产生硫酸。

金星周围的云层中含有相对较大的硫酸液滴，这些液滴偶尔会落向地面，起码会尝试落下。但由于温度过高，它们在实际到达地面之前就蒸发了。（这种“雨要落而未落”的天气被称为“雨幡”，该术语是指在到达地面之前就蒸发掉的一种降水。）但在地球上，硫酸不会蒸发，而是以酸雨的形式落到地面。酸雨是一种环境污染物，会腐蚀建筑，也会对动植物造成伤害。

射向金星的阳光约有 80% 在到达地面之前就被金星大气层

反射回宇宙中。即便如此，金星表面的温度也比地球高得多。但这并不是因为金星比地球距离太阳更近。科学家认为，造成两颗行星温度存在差异的原因是金星大气层中大量二氧化硫引起的温室效应。

与二氧化碳一样，二氧化硫也是一种温室气体。之所以称为温室气体，是因为它们能够像温室中的玻璃那样阻止热量散失。温室一般指用大量玻璃建造的小型建筑。玻璃允许阳光进入温室，正如二氧化碳和其他温室气体允许阳光穿过地球大气层一样。

然而，温室玻璃阻止太阳辐射能量逸出，并将其转换为热能，保留在温室内，就像大气中的温室气体能够防止地球上的热量散失一样。在温室中，热能使空气变得温暖，足以使植物生长；在地球上，热能使地球的平均温度达到约 60 ℉（15.5 ℃）。如若不然，地球上的气温将低于现在。地球大气中一定量的温室气体是生命蓬勃发展所必需的。然而，物极必反，温室气体过多也会带来问题。例如，金星表面温度过高就是其温室般的大气层导致的。

“砰”!

硫酸并非一无是处。实际上，它有许多用途，其中之一是制造硝化甘油。硝化甘油是一种具有双重用途的化合物，由意大利化学家阿斯卡尼奥·索布雷罗（Ascanio Sobrero，1812—1888）于 1847 年发现。它是制造炸药等爆炸性物质必需的成分，但也可以用作药物。

发现硝化甘油的时候，索布雷罗是法国化学家泰奥菲勒·佩洛兹（Théophile-Jules Pelouze，1807—1867）的学生。当时，佩洛兹正在研究另外一种爆炸性物质——火棉，又称硝化纤维素。1846 年，一位名叫克里斯汀·弗里德里希·舍恩拜

（Christian Friedrich Schönbein，1799—1868）的德国化学家将硝酸和硫酸混合物倒入一团棉花中，进而发现了这种物质。起初，舍恩拜对他的实验结果并不满意。经过干燥处理的棉花看起来与其他棉花团并没有什么两样。想象一下，当舍恩拜在纤维束附近划燃一根火柴时，他有多惊讶。“噗”的一声，一道明亮的、无烟的火焰吞噬了棉花，没有留下一丝痕迹。而另一边，未经硝酸和硫酸处理的棉花却留下了一堆灰烬和未燃物质。舍恩拜发现了一种无烟火药。

与火棉一样，硝化甘油也是用浓硫酸和硝酸合成的。不过，索布雷罗不是将硫酸和硝酸混合物倒在棉花上，而是将混合物与甘油混合。甘油是一种无色、无臭、味甜的液体，遇到硫酸和硝酸时会发生爆炸。

纯硝化甘油是一种“接触性炸药”，这意味着任何一点撞击或震动都可能导致爆炸。因此，使用或运输纯硝化甘油非常危险。19 世纪 40 年代后期，索布雷罗在一次爆炸事故中脸部遭受严重创伤，因此，他认为硝化甘油实在是太危险了，并劝告所有科学家都远离这种危险物质。他变得非常害怕硝化甘油，并为自己的名字与这项发现联系在一起而深感尴尬。

除受到机械冲击（如坠落、撞击或震动）时会发生爆炸外，硝化甘油在加热至 424 ℉（218 ℃）时也会爆炸。由于含有燃烧所需的燃烧剂和氧化剂成分，硝化甘油的性质不稳定且易挥发，一经点燃就会发生放热反应——释放热量的反应。点燃后的硝化甘油会释放足够的热量以保持该反应持续进行。放热反应会产生大量快速膨胀的气体，进而导致剧烈爆炸。

然而，事情并没有像索布雷罗希望的那样发展下去。1863 年，佩洛兹的学生，瑞典化学家阿尔弗雷德·诺贝尔（Alfred Nobel，1833—1896）发明了雷管。这是一种引爆装置，可以对

碎裂的纸张

无酸纸在将拼贴簿作为一种爱好的人中非常流行。对于那些试图保存纪念物品，如照片、手写纪念品、婚纱等纺织品的人来说，无酸纸是必不可少的。然而，酸在纸张制造过程中起着非常重要的作用。大多数纸张是由木材制成的。在从木材到纸张的过程中，使用酸来分解将木材黏合在一起的纤维。无酸纸经过额外的制造步骤去除了酸。这个过程使纸张呈中性甚至稍微碱性。稍微碱性的纸被称为缓冲纸。

酸在纸张中含量的增加为什么会产生如此大的影响呢？酸是腐蚀性化学物质。腐蚀性化学物质可以在接触时破坏材料或活体组织。纸张中的酸含量不足以烧伤皮肤，但随着时间的推移，纸张会变得僵硬和脆弱，并最终破裂。因此，使用含酸纸张书写的珍贵个人记忆或重要历史文献可能会丢失。含酸纸张还可能通过酸迁移的过程将酸转移到其他物体上。酸可以削弱或破坏织物中的纤维，它还可以破坏照片。因此，为了保护那些无法替代的记忆，请务必使用无酸纸张。

图 1.2　酸会使纸张在长时间内变得脆弱并破裂

图 1.3　使用硝化甘油鱼雷射击油井时产生的爆炸

硝化甘油产生机械冲击从而引发爆炸。1865 年，诺贝尔建立了第一家硝化甘油制造厂。尽管一年前，他的弟弟艾米尔在制备硝化甘油时因意外爆炸事故而丧生。诺贝尔发现，如果将硝化甘油与其他材料混合，就能降低它在坠落或震动时发生爆炸的可能性。最终，诺贝尔决定将硝化甘油与一种叫硅藻土的多孔沉积岩混合以制造炸药。

阿尔弗雷德·诺贝尔的发明使爆破岩石、开凿运河、挖掘隧道等建筑工程变得容易多了。随着炸药生意蒸蒸日上，诺贝尔最终在 20 多个国家开设了 90 家工厂和实验室。到 1896 年去世时，他拥有 355 项发明专利。这些专利不仅涉及炸药，还包括制造合成橡胶、皮革和丝绸等。他在去世前立下遗嘱，将其巨额财产用作基金，每年为在物理学、化学、生理学或医学、文学和和平领域做出重大贡献的科学家和其他人颁奖。诺贝尔奖由此诞生。

除用于制造炸药外，硝化甘油还可以用作药物，它是一种用于缓解胸痛（心绞痛）和防止心脏病发作的常用处方药。为何服用这种高度爆炸性物质对心脏病患者有帮助呢？其实，硝化甘油不仅有助于爆破东西，它也是一种血管扩张药，能够舒张血管并增加血液流量——这正是心脏在心脏病发作或胸痛时所需要的。自1879年起，医生就开始使用硝化甘油来治疗胸痛。诺贝尔去世前，医生曾给他开硝化甘油来治疗心脏病，但遭到诺贝尔拒绝。这并不是因为他害怕发生爆炸——药片中硝化甘油的含量非常低，并且还有其他惰性成分进一步稀释，而是因为硝化甘油在治疗中常常会引起头痛，这种副作用令他无法忍受。

一开始，医生在开处方使用硝化甘油时，根本不知道它的作用原理，只知道它是有用的。直到1977年，一位名叫费里德·穆拉德（Ferid Murad）的美国医生和药理学家发现，硝化甘油能在体内转化为一氧化氮。20世纪80年代，美国另外两位药理学家罗伯特·佛契哥特（Robert Furchgott）和路易斯·伊格纳罗（Louis Ignarro）发现，正是一氧化氮发出使血管平滑肌舒张的信号。1998年，穆拉德、佛契哥特和伊格纳罗获得了诺贝尔医学奖。

但这时，科学家还不知道硝化甘油是如何被人体分解并转化为一氧化氮的。2002年，美国北卡罗来纳州杜克大学的研究人员在细胞的"动力源"——线粒体中发现了一种酶，他们认为就是这种酶使硝化甘油转化成一氧化氮。这一发现还对长期以来医生观察到的一种现象——随着时间的推移，硝化甘油帮助患者缓解胸痛的效果逐渐减弱——作出了解释。杜克大学的研究表明，线粒体中这种能够分解硝化甘油的酶是有限的，一旦"用完"，硝化甘油对患者就无效了。

日常生活中的酸和碱

这些酸和碱的例子都不太贴近日常。然而，如前文所述，酸和碱在我们的日常生活中也起着重要作用。例如，如果橙汁、柠檬水和苏打汽水中没有酸，它们的味道就会与现在不同。橙汁和柠檬水中含有柠檬酸，所有柑橘类水果都含有天然柠檬酸。此外，柑橘类水果还含有另一种酸：抗坏血酸，也就是维生素 C。

可乐等碳酸饮料之所以有刺激性的味道，是因为含有磷酸，苹果有酸味是因为含有苹果酸。醋是 5% 的乙酸（也叫醋酸）和水的溶液。

与酸一样，碱也有许多重要用途。氨水、肥皂等清洁用品

尸　蜡

“尸蜡”是指一种易碎的蜡质物质，被称为脂蜡。

脂蜡在人体被埋葬后大约一个月开始形成。它容易形成在身体的脂肪部位，如面颊、腹部和臀部。这种蜡质的脂蜡能够保护尸体免受进一步分解的影响，甚至在挖掘出的百年尸体上也发现了它的存在。当尸体被埋葬在高碱性土壤中时，这种积累就会发生。蜡质物质是由碱性土壤与尸体内的脂肪之间的化学反应产生的，这个过程被称为皂化反应。皂化反应也是肥皂制造过程中使用的一种方法。

然而，脂蜡的形成需要时间，如果昆虫迅速侵蚀并食用了尸体上的肉块，这个过程就不太可能发生。但是，如果条件适合，脂蜡可以在尸体的表面形成，产生常被称为“肥皂木乃伊”的现象。

想看看肥皂木乃伊吗？宾夕法尼亚州费城的米特尔博物馆有一具肥皂木乃伊，被称为“肥皂女人”。曾被埋葬在她旁边的一名男子，也变成了肥皂木乃伊，有时会在华盛顿特区的史密森尼学会展出。毫不奇怪，他被称为“肥皂男人”。

图 1.4　一些居家常用的酸和碱

注：左侧是含有酸的维生素 C、阿司匹林和醋，右侧是含有碱的镁乳、小苏打和管道疏通剂。

因具有碱性而起到溶解污垢的作用。肥料是日常物质，有酸性的，也有碱性的，能够调节土壤的化学成分以促进植物生长。由此可见，人们每天都在使用酸和碱，那么我们如何判断一种物质是酸还是碱呢？

酸洗牛仔裤

有时候，“酸”这个词被以一种误导性的方式使用。以酸洗牛仔裤为例。想知道一个秘密吗？它们实际上并不是用酸洗涤的。事实上，这些牛仔裤被扔进带有经过特殊处理的多孔火山岩的洗衣机中，这些火山岩可以吸收漂白剂。当牛仔裤与浸泡了漂白剂的岩石接触时，牛仔布中的靛蓝染料会被漂白剂破坏。所使用的具体岩石类型是一个被严格保密的秘密。实际上，在牛仔裤离开工厂之前，必须彻底检查每个酸洗牛仔裤的口袋，确保没有一块岩石被留下，以免竞争对手发现。让这个名称有些误导的是，漂白剂实际上并不是酸性的，而是稍微碱性的溶液。所以，这些牛仔裤应该被称为碱洗牛仔裤或碱液洗牛仔裤，甚至火山洗牛仔裤——除了酸洗牛仔裤之外的任何名称。

第 2 章

什么是酸和碱?

酸和碱是由它们的性质决定的。在英文中,“acid”这个词源于拉丁语“acidus”,意思是“酸的”。例如,柠檬汁的味道是酸的,因为它含有柠檬酸。德国酸菜(德语“sauerkraut”)也是一种酸味食品,它是经乳酸发酵的白菜。其实,“sauer”(发音近似于英文单词“sour”)在德语中的意思就是“酸的”。酸奶油当中也含有乳酸。

除了具有酸味,酸还有一些其他特性。例如,酸可以溶解某些金属,如铅、锌。酸能使石蕊(一种用地衣制成的染料)由蓝变红,且能与碱发生反应,生成盐和水。

碱也具有一些特殊性质。碱虽然味苦,但大部分碱都不是食物,因而也不能食用。当然,我们不能随意品尝任何化学物质,除非能确保安全。碱的触感滑腻,因为它能使蛋白质变性。变性会

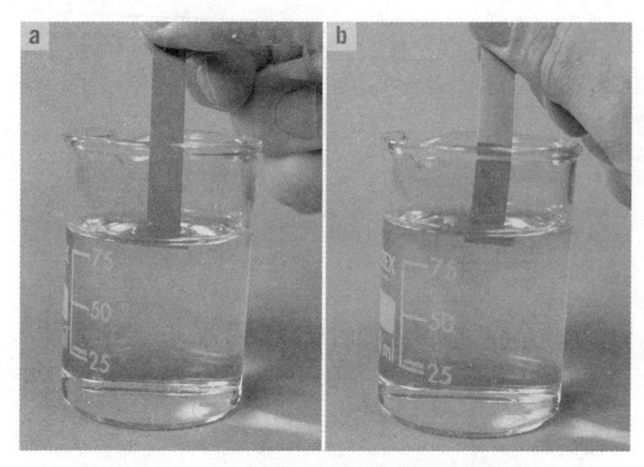

图 2.1　a，酸性溶液使石蕊试纸由蓝变红；
b，碱性溶液使石蕊试纸由红变蓝

导致蛋白质的形状发生变化，进而改变它的功能。碱甚至可能导致蛋白质彻底失活。由于蛋白质是人体的重要组成部分，因此我们必须谨慎使用各种强碱或强酸，如含有碱液（氢氧化钠或氢氧化钾）的炉灶清洁剂或硫酸。碱能使红色的石蕊试纸变蓝，且能与酸反应生成盐和水。在英文中，碱也称为“alkali”。

酸和碱大多以水溶液的形式存在，即酸和碱都可溶于水。酸和碱的溶液都是电解质。电解质能够传导电流，其导电性源于溶液中自由移动的电子或其他带电粒子。酸和碱溶于水时会分解成离子。离子是一种带电粒子，它们能够传导电流。电流是一连串的移动电荷。

酸碱化学的历史

爱尔兰化学家罗伯特·波义耳（Robert Boyle，1627—1691）是第一位对化学物质进行酸碱分类的化学家。他根据物质的性质将其分为酸和碱，却无法解释它们为何具有这样的性质。直到 200 年后，瑞典化学家斯万特·阿伦尼乌斯（Svante

Arrhenius，1859—1927）回答了这个问题。

阿伦尼乌斯酸碱

阿伦尼乌斯是第一个对物质溶于水会分解成离子作出解释的科学家。离子是原子失去或得到电子时形成的带电粒子。原子是构成元素的最小单位，仍然具有元素的性质。原子是构成一切物质的基本单位。

原子由三个基本的亚原子粒子构成，其中一个是电子，另外两个是质子和中子。质子和电子都携带电荷。质子带正电荷，电子带负电荷。质子位于原子核或原子的中心，核外电子围绕原子核在各个能级或壳层上快速运动。在中性原子中，原子核内的质子数等于绕核运动的电子数。由于原子中带正电的质子和带负电的电子数量相等，因此原子的净电荷为零。

当原子失去或得到一个或多个电子时，原子中的正负电荷数便不再相等。由于正负电荷不再平衡，原子就变成了带电粒子，即离子。

当原子失去电子时，其原子核中带正电的质子多于绕核运动的带负电的电子，因而该原子整体上带正电。这就产生了正离子。当原子失去 1 个电子时，其离子带 1 个正电荷；如果原子失去 2 个电子，其离子带 2 个正电荷，依此类推。另一方

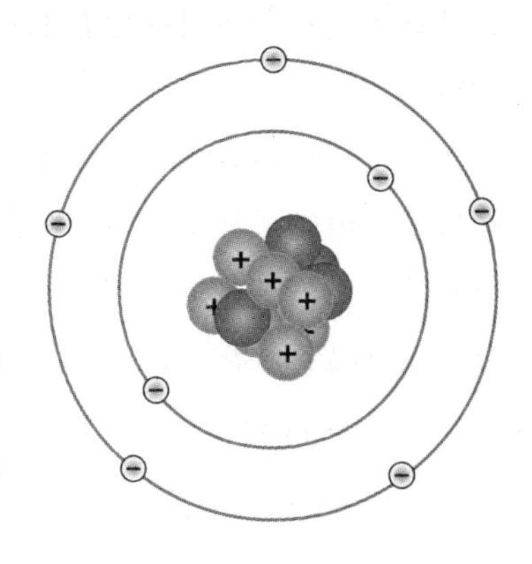

图 2.2　电子围绕原子核在一系列能级或壳层上运动

注：电子与原子核的距离越远，能级越高。

面，当原子得到电子时，电子多于质子，就会产生负离子。正离子又称阳离子，负离子又称阴离子。

根据阿伦尼乌斯的观点，酸溶于水会分解成离子，这个过程叫电离或解离。例如，化合物氯化氢溶于水会解离成带正电的氢离子和带负电的氯离子。该解离过程生成盐酸。

离子符号旁的上标记号表示离子的电荷。例如，氢离子的缩写为 H^+。字母“H”表示氢的化学符号，右上角的“+”表示氢离子带有 1 个正电荷。（此处省略了数字“1”。）氯离子是一种负离子，因此在右上角用“−”表示：

$$HCl(aq) \rightarrow H^+(aq) + Cl^-(aq)$$

盐酸　　　　氢离子　　　氯离子

“aq”表示水溶液。（物质的三种化学状态为液体、固体和气体，分别用“l”“s”和“g”来表示。）溶液是由两种或两种以上物质组成的均匀混合物。“均匀”的意思是指溶液各处的化学成分完全相同。换句话说，如果你从容器中的两个不同区域采集溶液样本，那么这两个样本看起来是完全一样的，其化学成分也完全相同，就好比从盒子里的不同地方舀出来的两匙香草冰激凌一样。相反，如果某种物质各部分的成分不一致，就属于非均匀混合物，如意大利腊肠比萨。从同一块比萨的不同部位切下的比萨饼可能含有不同数量的腊肠、芝士、比萨酱和面饼。

阿伦尼乌斯认为，碱也会发生类似的解离。但他认为与酸释放带正电的氢离子不同，碱会向溶液中释放氢氧根离子。氢氧根离子是一种负离子，写作 OH^-。例如，氢氧化钠溶于水会分解成钠离子和氢氧根离子，如下：

$$NaOH(aq) \rightarrow Na^+(aq) + OH^-(aq)$$

氢氧化钠溶液　　　钠离子　　　氢氧根离子

因此，阿伦尼乌斯把酸定义为任何溶于水会释放氢离子（H^+）的物质，把碱定义为任何溶于水会释放氢氧根离子（OH^-）的物质。这就解释了为什么酸都具有相似的性质——因为它们都能释放氢离子。根据阿伦尼乌斯的定义，碱的性质相似是因为它们都能释放氢氧根离子。这还解释了为什么酸和碱混合能生成水。

H^+	+	OH^-	→	H_2O
氢离子		氢氧根离子		水分子

氢原子由其原子核中的 1 个质子和 1 个绕核运动的电子组成。当氢原子失去这个电子时，形成的带正电的氢离子实际上就只剩下 1 个质子。因此，氢离子有时又叫质子。在溶液中只能释放 1 个氢离子或质子的酸称为一元酸，如硝酸（HNO_3）或盐酸（HCl）；能释放 2 个氢离子的酸称为二元酸，如硫酸（H_2SO_4）。磷酸（H_3PO_4）是一种三元酸。能释放 1 个以上氢离子的酸（包括二元酸和三元酸）称为多元酸。

类似地，由元素周期表 I 族金属元素组成的碱称为一元碱，如氢氧化钠（NaOH）或氢氧化钾（KOH），因为它们能在溶液中释放 1 个氢氧根离子。由 II 族金属元素组成的碱称为二元碱，因为它们能释放 2 个氢氧根离子，如氢氧化钙［$Ca(OH)_2$］或氢氧化镁［$Mg(OH)_2$］。与酸同理，能释放 1 个以上氢氧根离子的碱称为多元碱。

虽然阿伦尼乌斯的理论解释了许多有关酸和碱的问题，但他的理论也有局限性——并非所有碱都能释放氢氧根离子。实际上，我们最常用的一种碱——小苏打就不含氢氧根离子。那它为什么是一种碱呢？

酸碱质子理论

1923 年，两位化学家各自独立提出了一个理论，可以解释为什么有的物质不含氢氧根离子却也是一种碱。丹麦科学家约翰尼斯·布朗斯特（Johannes Brønsted，1879—1947）和英国科学家托马斯·劳里（Thomas Lowry，1874—1936）同时发表论文，指出碱是能够接受质子（氢离子）的任何物质。布朗斯特和劳里的定义解释了为什么有的碱含有氢氧根离子而有的不含氢氧根离子。

上文说过，氯化氢（HCl）加入水中会释放氢离子，生成盐酸。盐酸中的离子为氢离子（H^+）和氯离子（Cl^-）：

$$\underset{\text{盐酸}}{HCl(aq)} \rightarrow \underset{\text{氢离子}}{H^+(aq)} + \underset{\text{氯离子}}{Cl^-(aq)}$$

氢氧化钠（NaOH）溶于水时也会解离成钠离子（Na^+）和氢氧根离子（OH^-）：

$$\underset{\text{氢氧化钠溶液}}{NaOH(aq)} \rightarrow \underset{\text{钠离子}}{Na^+(aq)} + \underset{\text{氢氧根离子}}{OH^-(aq)}$$

这两种溶液混合会产生化学反应。盐酸中的氢离子与氢氧化钠中的氢氧根离子（OH^-）结合生成水（水的化学式后面的符号“l”表示液体）。钠离子和氯离子结合生成氯化钠，即食盐：

$$\underset{\text{盐酸}}{HCl(aq)} + \underset{\text{氢氧化钠}}{NaOH(aq)} \rightarrow \underset{\text{氯化钠（盐）}}{NaCl(aq)} + \underset{\text{水}}{H_2O(l)}$$

这正好印证了阿伦尼乌斯的说法。盐酸给出一个氢离子，氢氧化钠接受了这个氢离子。但是，当某种物质不含氢氧根离子的时候，阿伦尼乌斯对碱的定义就不适用了。

例如，小苏打（$NaHCO_3$）是一种碱，但它不含氢氧根离子。小苏打溶于水会分解成钠离子和碳酸氢根离子（HCO_3^-）：

$$NaHCO_3(aq) \rightarrow Na^+(aq) + HCO_3^-(aq)$$

碳酸氢钠（小苏打）　钠离子　碳酸氢根离子

但是，如果将小苏打加入盐酸中，它的确能够接受氢离子。因此，根据布朗斯特和劳里的理论，小苏打（学名为碳酸氢钠或重碳酸钠）是一种碱：

$$HCl(aq) + NaHCO_3(aq) \rightarrow NaCl + H_2CO_3$$

盐酸　小苏打（碱）　氯化钠（盐）　碳酸

布朗斯特和劳里对酸的定义与阿伦尼乌斯基本一致：酸是一切能释放氢离子的物质。布朗斯特和劳里的理论被称为酸碱质子理论。

路易斯酸碱理论

1923 年，也就是布朗斯特和劳里提出酸碱质子理论的同年，一位名叫吉尔伯特·牛顿·路易斯（Gilbert Newton Lewis）的美国化学家开始研究自己的酸碱理论。路易斯提出，酸是一切能够接受电子对的物质，而碱是一切能够给出电子对的物质。

要理解路易斯酸碱理论，有必要了解一些关于价电子和八隅体规则的知识。价电子是位于原子最高能级上的电子，这些电子能在化学反应中对原子进行化学键合。以构成水的氢原子和氧原子为例：氢原子的原子序数为 1。因此，氢原子的原子核中有 1 个质子。（元素的原子序数在数值上等于该元素原子中的质子数。）如果氢原子有 1 个质子，那它还必须有 1 个电子才能呈电中性。氢原子的单个电子位于原子核的第一层，也是唯一一层能级中。由于这个电子位于最高能级，因此该电子就是氢的价电子。

吉尔伯特·牛顿·路易斯设计了后来的路易斯点图。路易

炼金术中的酸

中世纪的炼金术士对酸并不陌生。事实上，“强水”基本上就是硝酸。炼金术士使用强水来溶解特定的金属。具体来说，他们用它将银（可在强水中溶解）与黄金（无法在强水中溶解）分离。

另一方面，“王水”可以溶解金。原来炼金术士使用的“王水”是浓盐酸和硝酸的混合物。这两种酸单独使用都无法影响金，但两者的混合物可以溶解这种贵金属。

斯点图（又称电子点图）用原子符号表示原子的“核”（原子核以及包含非最高能级上的电子的能级），用点表示价电子。因此，氢的路易斯点图用氢原子的符号加一个点来表示，这个点说明氢原子具有 1 个价电子，如下所示：

$$H\cdot$$

氧元素的原子序数为 8。因此，氧原子有 8 个质子和 8 个电子。原子的第一层能级只能包含 2 个电子，第二层能级最多可以包含 8 个电子，所以，氧原子的第一层能级上有 2 个电子，第二层（最外层）能级上有 6 个电子。因此，氧原子有 6 个价电子，如下所示：

$$\cdot\ddot{\underset{\cdot\cdot}{O}}\cdot$$

在化学中，八隅体规则是一条经验规则。它指出，当原子的最高能级上有 8 个电子（由此得名八隅体）时，其状态最为稳定。原子会通过得到、失去或共用电子以实现这种稳定状态。八隅体规则并非在所有情况下都适用，这就是为什么我们说它是一条经验规则而不是一条定律。但请记住这条规则，它非常有用。在许多情况下，八隅体规则能够帮助解释原子的键合行为。

例如，氢和氧反应生成水，以使这两种元素都具有稳定的电子构型（指电子的数量和排布）。但是，如果氢把电子给了氧，氢就不稳定了，因为它失去了电子。所以，氢不是把它的电子送给氧，而是与氧共用它的电子：

$$\mathrm{H\cdot} + \mathrm{\cdot\ddot{O}\cdot} + \mathrm{\cdot H} \rightarrow \mathrm{H{-}\underset{\cdot\cdot}{O}{-}H}$$

方程式右侧的短线表示氢原子和氧原子之间形成了共价键。在共价键中，原子共用电子以符合八隅体规则。现在，每个氢原子与氧原子共用 1 个电子，而氧原子与每个氢原子共用 1 个未成对的价电子，这使得每个氢原子的最外层能级上有 2 个电子。当氢原子的第一层（也是唯一一层）能级被填满时，即使氢原子没有 8 个电子（记住，第一层能级最多只能包含 2 个电子），它也是稳定的。作为回报，氧原子也能共用 2 个电子。连同自身的 6 个价电子，这种共用使氧原子的最外层能级上有 8 个电子，因而氧原子也处于稳定状态。这就解释了为什么每个水分子都包含 2 个氢原子和 1 个氧原子，它还解释了路易斯酸碱理论中给出氢离子的酸是如何接受电子对的。根据路易斯酸碱理论，凡是能够向酸提供电子对的物质都是碱。

共轭酸碱对

根据酸碱质子理论，酸能给出质子。但是，在酸给出质子之后，剩下的粒子如果能够接受质子，就能充当碱。例如，如果盐酸把它的质子给了碱性的氨气（NH_3），则生成的粒子为氯离子（Cl^-）和铵离子（NH_4^+）：

$$\underset{\text{盐酸}}{HCl} + \underset{\text{氨气}}{NH_3} \leftrightarrows \underset{\text{氯离子}}{Cl^-} + \underset{\text{铵离子}}{NH_4^+}$$

现在，氯离子可以接受质子（并再次变成盐酸）。根据酸碱质子理论，如果氯离子能接受质子，那么它就是碱。实际上，化学家把氯离子称为盐酸的共轭碱。任何时候只要酸给出质子，剩下的物质都可以充当碱。因此，每种酸都有一个共轭碱。

上述化学方程式中的双向箭头表示该反应是可逆的。这意味着当一些盐酸分子分解成氢离子和氯离子时，一些离子也在结合生成盐酸。这个过程会持续不断地进行。同样，氨分子身上也会发生这样的情况。在一些氨分子与氢离子结合形成铵离子的同时，一些铵离子给出氢离子，形成氨分子。

同理，每种碱都有一个共轭酸。例如，上述方程式中的铵离子就是氨气的共轭酸。铵离子可以给出一个多余的质子，使其他物质成为一种酸。

这里还有一些共轭酸碱对的例子：

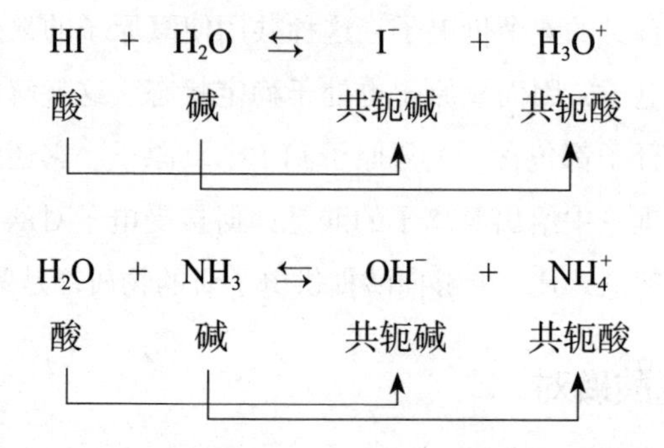

请注意，水在上述第一个方程式中充当碱，在第二个方程式中充当酸。像水这样在不同的环境中既能充当酸又能充当碱的物质称为两性物质。“amphoteric”一词来自希腊语前缀“ampho-”，表示“两者都”。水是最常见的两性物质，但氨基酸、蛋白质和一些金属氧化物，如氧化铝（Al_2O_3）和氧化锌（ZnO）等也可以充当两性物质。

Chapter 03

第3章

酸碱的命名

最简单的酸仅由两种元素组成，这种酸称为二元酸。在英文中，二元酸的命名方法是在第二个元素（非金属元素）的单词前使用前缀“hydro-”，并将其结尾变为“-ic”，然后加上单词“acid”。例如，盐酸的化学式为HCl，表示盐酸由氢和氯（非金属元素）两种元素组成。H代表氢元素，Cl代表氯元素。要给这种酸命名，需要在氯元素的英文单词“chlorine”前添加前缀“hydro-”，并将其结尾改为“-ic”，再加上“acid”，就得到盐酸的名称，即hydrochloric acid。另外，氢溴酸的化学式为HBr，表示其由氢元素和溴元素组成。因此，氢溴酸的英文名称为hydrobromic acid。氢碘酸（HI）由氢元素和碘元素组成，其英文名称为hydroiodic acid。

由两种以上元素组成的酸通常含有多原子

离子。多原子离子是两个或两个以上原子的集合，这些原子带有电荷且彼此通过化学键结合在一起，形成一个单元。例如，SO_4^{2-} 和 NO_3^- 就是多原子离子。化学式 SO_4^{2-} 表示硫酸根离子，NO_3^- 表示硝酸根离子。在英文中，如果某种酸含有以“-ate”结尾的多原子离子，则该种酸的命名要先将“-ate”变为“-ic”，然后加上单词“acid”。因此，硫酸（H_2SO_4）的英文名称为 sulfuric acid，硝酸（HNO_3）的英文名称为 nitric acid。

化学式是化合物的简写形式。通过观察化学式，科学家可以判断该化合物中的每种元素包含几种原子。例如，从 H_2SO_4 的化学符号就能看出该化合物由氢（H）、硫（S）、氧（O）三种不同的元素组成。科学家还可以通过观察化学式中的下标数字来判断化合物中的每种元素所包含的原子数量。H_2SO_4 含有 2 个氢原子，1 个硫原子（化学式中省略了数字“1”）和 4 个氧原子。但是，硫酸溶于水不会分解成氢、硫和氧，而是分解成氢离子和硫酸根离子。硫酸根离子以单元形式聚在一起：

$$H_2SO_4(aq) \rightarrow 2H^+ + SO_4^{2-}$$

硫酸　　　　氢离子　　　硫酸根离子

氢离子前面的数字“2”表示每个硫酸分子释放出 2 个氢离子和 1 个硫酸根离子（化学式中同样省略了数字“1”）。起码从理论上来看是这样。实际上，氢离子并不仅仅是漂浮在水中，而是很快将自己附着在水分子上，生成的 H_3O^+ 指水合氢离子：

$$H^+ + H_2O \rightarrow H_3O^+$$

氢离子　　　水　　　水合氢离子

水合氢离子实际上是赋予酸性质的离子。然而，为简单起见，大多数化学家都忽略了水合氢离子而只说氢离子（或质子），在化学方程式中写作 H^+。

硝酸溶于水时，产生的反应与硫酸相似：

$$HNO_3(aq) \rightarrow H^+ + NO_3^-$$

硝酸　　　　氢离子　　硝酸根离子

每个硝酸分子在溶于水时会产生 1 个氢离子和 1 个硝酸根离子。

还有一些多原子离子的英文单词以“-ite”结尾，如 SO_3^{2-} 和 NO_2^-。SO_3^{2-} 指亚硫酸根离子，NO_2^- 指亚硝酸根离子。要命名包含以“-ite”结尾的多原子离子的酸，必须先将“-ite”变为“-ous”，然后加上“acid”。因此，亚硫酸（H_2SO_3）的英文名称为 sulfurous acid，亚硝酸（HNO_2）的英文名称为 nitrous acid。

碱的命名规则要简单一些，化学家只要使用化合物的名称即可。他们对酸和碱反应生成的盐的命名也是如此。例如，氯化钠（NaCl）的英文名称是 sodium chloride，是以组成这种盐的两种元素——钠元素和氯元素来命名的。从该命名可以看出，给碱命名的唯一规则是把非金属元素（如本例中的氯元素）的单词结尾改为“-ide”。

许多碱都含有氢氧根（OH^-）多原子离子。要命名包含这种离子的碱，先要命名金属元素，然后列出多原子离子的名称。例如，氢氧化钠（NaOH）的英文名称为 sodium hydroxide，氢氧化钾（KOH）的英文名称为 potassium hydroxide。从化学名称或化学式来看，很容易区分这两种物质，但它们有一个共同的常用名称——碱液，这两种物质就容易混淆了。因此，为了区分这两种化学物质，通常把氢氧化钠（NaOH）称为苏打碱，把氢氧化钾（KOH）称为钾碱。

然而，并非所有碱都含有氢氧根离子。例如，碳酸钠（Na_2CO_3）是一种碱，其英文名称为 sodium carbonate。小苏打也是一种碱，化学式为 $NaHCO_3$，学名叫碳酸氢钠，英文名称为 sodium hydrogen carbonate（碳酸氢是其含有的多原子离子的名称）。

NH_3 也是一种常见的碱。组成 NH_3 的氮元素和氢元素都是非金属元素。当两种非金属元素化学键合时，就形成了共价键。在共价化合物的命名中，要使用“mono-”“di-”“tri-”等前缀来表示该化合物中的原子数量。但如果化合物中的第一个元素只有 1 个原子，则省略前缀“mono-”。例如，化合物 NH_3 含有 1 个氮原子和 3 个氢原子，因此它的学名叫三氢化氮。人们在发现这种化合物之后，有很长时间都不知道它的化学式是什么，因此该化合物曾被命名为氨。即便在今天，三氢化氮在大多时候仍然用其通用名称——氨来表示。

同样的逻辑，化合物 H_2O 也可以使用前缀“mono-”和“di-”来命名。由于水只有 1 个氧原子，而氧是它的第二个元素，所以不能省略前缀“mono-”。因此，H_2O 的学名叫一氧化二氢（dihydrogen monoxide）。当然，这种化合物有一个更广为人知的通用名称——水。

水的自偶电离

即使在室温下，水分子也在不断运动。有时，水分子之间的碰撞可能非常激烈，以至于氢离子从一个水分子中转移到另一个水分子中。这样就会形成 1 个水合氢离子和 1 个氢氧根离子。

$$\underset{\text{水离子}}{H_2O} \rightleftarrows \underset{\text{水合氢离子}}{H_3O^+} + \underset{\text{氢氧根离子}}{OH^-}$$

这个过程叫水的自偶电离。同样，这里的双向箭头也表示该反应是可逆的。在一些水分子被分解成水合氢离子和氢氧根离子的同时，一些水合氢离子和氢氧根离子也在结合生成水分子。当正反应（水的电离）和逆反应（离子键合成水）发生的速率相同时，该反应处于动态平衡。“平衡”是因为正反应和逆反应之间存在平衡，“动态”是因为它在不断地发生变化。

在纯水中，水合氢离子和氢氧根离子的数量相等。如果在水中加入酸，水合氢离子的数量就会增加。如果加入碱，则氢氧根离子的数量增加（并且氢离子的数量减少）。当水溶液中氢离子和氢氧根离子的浓度相乘时，其结果始终等于 1.0×10^{-14}（mol/L）^{2}。因此，如果氢离子的数量增加，则氢氧根离子的数量必须减少。同样，如果氢氧根离子的数量增加，那么氢离子的数量必须减少。由于酸会使溶液中的氢离子增多，所以酸中的氢离子浓度必须高于 1.0×10^{-7}（mol/L）^{2}。

mol/L 表示摩尔 / 升。摩尔是一种计量单位，化学家用它来表示物质的量。1 摩尔等于 6.02×10^{23} 个任何物质。例如，1 摩尔（mol）碳等于 6.02×10^{23} 个碳原子。1 摩尔氢离子等于 6.02×10^{23} 个氢离子。1 摩尔三明治等于 6.02×10^{23} 个三明治。但是，如果以摩尔 / 升为单位来表示氢离子和氢氧根离子的浓度可能很麻烦，因此，化学家使用溶液的 pH 值来表示氢离子和氢氧根离子的浓度。

什么是 pH？

pH 刻度是由丹麦生物化学家索伦·索伦森（Sören Sörensen，1868—1939）于 1909 年发明的。pH 用于测量物质的酸度。由于酸能释放氢离子，因此在溶液中加入酸会使其氢离子浓度增加。碱会降低溶液中氢离子的浓度，因为碱能接受氢离子。

从下面的公式可以看出，溶液的 pH 值与氢离子的浓度有关：

$$pH = -\log[H^+]$$

“log”是对数（logarithm）的缩写。在数学中，对数是必须将一个数字（底数）提高以得到一个固定数字的幂。幂又称为指数。换句话说，底数必须乘以对数的次数才能得到一个固定数字。例如，如果底数是10，要达到的数字是1 000，则对数为3，因为10×10×10 =1 000。也可以把数字1 000用科学计数法表示为：

$$1\,000 = 1.00 \times 10^3$$

将底数10提高到1 000的指数（或幂）就是对数。要知道某种物质的pH值，必须取氢离子浓度中对数的负值。

	与蒸馏水相比的氢离子浓度	近似pH值	举例
酸	10,000,000	0	电池酸
	1,000,000	1	胃酸
	100,000	2	柠檬汁
	10,000	3	醋
	1,000	4	软饮料
	100	5	咖啡
	10	6	牛奶
中性的	0	7	蒸馏水
碱	1/10	8	蛋清
	1/100	9	牙膏
	1/1,000	10	抗酸药
	1/10,000	11	家用氨水
	1/100,000	12	氢氧化钙
	1/1,000,000	13	漂白剂
	1/10,000,000	14	管道清洁剂

图3.1　一些常见的酸和碱及其近似pH值

注：氢离子的数量随着pH值的上升而减少。

例如，如果溶液中的氢离子浓度为 1.00×10^{-3} mol/L，则对数为 −3。pH 值为对数的负值，即 3。然而，只有当系数为 1 时，才能通过指数来确定 pH 值。换句话说，如果氢离子浓度为 1.00×10^{-12} mol/L，则 pH 值为 12。但是，如果氢离子浓度为 6.88×10^{-12} mol/L，此时 pH 值为 11。当系数不为 1 时，需查看对数表或使用计算器。

pH 值与氢离子浓度负相关。换句话说，氢离子浓度越高，pH 值越低。因此，溶液的 pH 值越低，说明其中的氢离子越多，溶液的酸性越强。相反，pH 值越高，溶液中的氢离子越少，氢氧根离子越多，溶液的碱性越强。如果溶液中氢离子和氢氧根离子的数量相等，则溶液呈中性。在中性溶液中，氢离子和氢氧根离子的浓度均为 1.00×10^{-7} mol/L［记住，乘积必须等于 1.00×10^{-14}（mol/L）^{2}］。因此，中性溶液的 pH 值为 7。pH 值为 7 的物质既非酸性也非碱性。酸的 pH 值小于 7，碱的 pH 值大于 7。pH 值的范围为 0～14。

石蕊试纸

石蕊试纸遇到酸或碱时会发生变色，这类物质称为酸碱指示剂。溶液中的氢离子浓度不同会使酸碱指示剂呈现不同的颜色。石蕊试纸是一种常见的酸碱指示剂，它在 pH 值高于 8.2 时变为蓝色，在 pH 值低于 4.5 时变为红色。因此，如果石蕊试纸变蓝，则该物质是碱；如果石蕊试纸变红，则该物质是酸。

石蕊试纸由一种独特的植物——地衣制成。地衣不是一种生物，而是由藻类和真菌两种生物组成，藻类和真菌以共生关系生活在一起。地衣的生活环境十分广泛，在树木和墙壁的侧面、人行道甚至水下都能找到它们的身影。由于地衣对许多不同类型的污染十分敏感，因此常被用于监测所处环境的健康状态。

石蕊试纸分为蓝色和红色两种。蓝色石蕊试纸是将滤纸在

植物指示剂

红花石蕊并不是唯一一种在酸性或碱性条件下会变色的植物材料。例如，当红甘蓝或甜菜根被煮沸时，固体物质可以与液体分离。然后，液体被冷却后可用作酸碱指示剂。红甘蓝汁在酸性条件下呈现红色或紫色，而碱性条件下会变成蓝色或黄色。当溶液为中性时，汁液呈蓝紫色。

园艺爱好者可以通过观察植物的花朵来判断绣球灌木生长在酸性或碱性土壤中，甚至不需要土壤测试工具。如果绣球灌木生长在酸性土壤中，其花朵就会呈蓝色。如果土壤为碱性，花朵则呈粉红色。然而，实际上并不是氢离子浓度决定了花朵的颜色，而是铝（Al）化合物。在 pH 值为 5.5 或更低的土壤中，铝化合物以植物可吸收的形式存在。花朵中高浓度的铝使其呈蓝色。然而，在 pH 值为 6.5 或更高的土壤中，植物无法吸收铝化合物。没有铝化合物的影响，花朵会呈粉红色。

如果园艺爱好者希望获得蓝色的花朵，他们通常会在土壤中添加硫酸铝［$Al_2(SO_4)_3$］或硫磺来降低 pH 值至 5.5。对于喜欢粉色花朵的人来说，他们会使用石灰（碱性物质）来使 pH 值达到 6.5 或更高。偶尔，绣球灌木会开出紫色的花朵。然而，获得紫色花朵相对困难。只有当 pH 值介于产生蓝色花朵的 5.5 和产生粉色花朵的 6.5 之间时，才会出现紫色花朵。因此，为了获得紫色花朵，必须保持非常狭窄的 pH 值范围。

图 3.2　绣球灌木的花朵

含有地衣的溶液中浸湿，然后烘干制成的。制作红色石蕊试纸需要多进行一个步骤，即在烘干之前将滤纸浸入少量硫酸或盐酸中，从而使蓝色石蕊试纸变红。红色石蕊试纸在碱性溶液中会变回原来的蓝色，蓝色石蕊试纸在酸性溶液中会变成红色。

酚酞

酚酞也是一种酸碱指示剂。魔术师和化学老师经常使用酚酞来表演变“水”为“酒”的把戏。在酸性和中性条件下，酚酞是无色的，看起来与水一样。但当 pH 值约为 8.3 时，它会变成深紫红色。在碱性条件下，酚酞看起来就像红酒。

要表演这个经典的魔术，需要提前在一杯纯水中加入少量氢氧化钠。氢氧化钠溶于水时，溶液是无色的，看起来仍然像普通的水。然而，此时溶液的性质已经发生了变化，呈弱碱性。接着，准备好一个酒杯，事先在杯底滴入几滴酚酞。把碱性溶液倒入含有酚酞的酒杯时，“水”就变成了深酒红色。这时，拿出第三个已经放入几滴酸（比如醋）的杯子，就可以把“酒”变回“水”。当把碱性的“酒”加入酸中时，酚酞就恢复到无色状态。

是什么使指示剂在酸和碱的条件下变色呢？通常，颜色变化是发生化学反应的信号，酸碱指示剂也不例外：实际上，酸碱指示剂本身就是一种酸或碱。它们的颜色发生变化是因为酸与其共轭碱（或碱与其共轭酸）的颜色不同。例如，假设某种酸性指示剂简记为 HIn（这不是一个真正的化学式，只是一种表示该指示剂给出氢离子的方式），其在溶于水时会分解成氢离子和指示剂离子，缩写为 In^-（同样，这也不是一个真正的化学式，只代表附着在氢离子上的指示剂分子）：

$$\underset{\text{酸}}{HIn} \leftrightarrows \underset{\text{氢离子}}{H^+} + \underset{\text{共轭碱}}{In^-}$$

请注意，这是个可逆反应。如果该酸性指示剂（HIn）为酚酞并向其中加入酸，就会有更多氢离子与 In^- 分子发生反应。这使得逆反应更激烈，从而生成更多的酸。当酚酞呈酸性时，它是无色的。当加入碱时，氢氧根离子与氢离子反应生成水，

这意味着与 In^- 分子反应的氢离子较少。因此，正反应更激烈。酚酞分子的共轭碱呈紫红色。

这两种形式的酚酞之所以颜色不同，是因为化学反应改变了酚酞分子的形状。换句话说，酚酞分子在酸性和碱性条件下呈现出不同的形状。不同形状吸收并反射不同波长的光，而不同波长的可见光在我们的眼中表现出不同的颜色。

测定 pH 值

虽然石蕊试纸、紫甘蓝汁和酚酞可以指示某种物质是酸性的还是碱性的，但它们都有局限性，无法测定 pH 值。为此，我们可以使用一种叫通用指示剂的酸碱指示剂。通用指示剂其实是几种不同酸碱指示剂（通常为酚酞、甲基红、溴百里酚蓝和百里酚蓝）的混合物，该混合物通过产生各种颜色来表示不同的 pH 值：通用指示剂在强酸性的条件下呈红色；在 pH 值为 3～6 时由橙变黄；在中性 pH 条件下呈绿色，并随着溶液的碱性增强而由绿变蓝；在强碱性的条件下呈深紫色。

pH 计也可以用于测定物质的 pH 值。在所有测定 pH 值的方法中，使用 pH 计是最精确的。pH 计通过被测样本发送电流。由于电流是带负电的电子流，因此，电流强度与样本中氢离子的含量成正比。换句话说，通过样本的电流（或电子）越多，样本中的质子（或带正电的氢离子）越多，该样本的酸性越强。

pH 计包含两种不同类型的电极——感测电极和参比电极。感测电极是一个玻璃灯泡，可以检测溶液中的质子，这会导致感测电极的电压根据氢离子的浓度发生变化。参比电极一般位于感测电极的玻璃灯泡内，对氢离子并不敏感。相反，参比电极具有恒定的电压。pH 计计算感测电极与参比电极之间的电压差，并将差值转换为 pH 值显示在屏幕上。pH 计与电压表非常相似，但它显示的不是伏特，而是 pH 值。pH 值的差异是因不同的酸和碱在水中分解的方式不同造成的。

Chapter 04

第 4 章

化学中的酸和碱

有些酸和碱在水中能够完全电离或解离，有些则不能。能够完全电离的酸和碱被称为强酸和强碱。强酸的 pH 值为 0～4，强碱的 pH 值为 10～14。反之，不能在水中完全解离的酸和碱被称为弱酸和弱碱。某些氢离子仍然附着在其他原子上，从而降低了氢离子的浓度，导致 pH 值更接近中性。

任何酸或碱在水中分解成离子的反应都是可逆反应。例如，盐酸是一种强酸，能够完全解离成氢离子和氯离子：

$$\underset{\text{盐酸}}{HCl(aq)} \leftrightarrows \underset{\text{氢离子}}{H^+} + \underset{\text{氯离子}}{Cl^-}$$

在该反应中，正反应（盐酸分子分解成离子）比逆反应（离子结合生成盐酸分子）要成功得多。

但是，一些氢离子和氯离子会再次结合生成盐酸。盐酸、硫酸和硝酸是最常见的强酸，钠、钾和氢氧化钙都属于强碱。实际上，除了氢氧化铍（BeOH）以外，在周期表的 IA 族和 IIA 族金属中，所有含有金属的碱都是强碱。

逆反应（离子结合生成酸或碱）在弱酸或弱碱中比在强酸或强碱中更常发生。因此，弱酸或弱碱会释放一些氢离子和氢氧根离子，但完整的弱酸或弱碱分子要比强酸或强碱分子多得多。大多数酸和碱都是弱酸和弱碱，它们不能在水中完全解离。

化学家已经计算出大多数酸和碱在水中解离的程度，该数值称为酸的解离常数（K_a）和碱的解离常数（K_b）。K_a 或 K_b 的值越高，酸或碱在水中解离的程度越高，其酸性或碱性越强。

表 4.1　常见的酸和碱的解离常数

常见的 K_a（mol/dm^3）		常见的 K_b（mol/dm^3）	
盐酸（HCl）	1.3×10^6	氢氧化锂（LiOH）	2.3
硝酸（HNO_3）	2.4×10^1	氢氧化钾（KOH）	3.1×10^{-1}
磷酸（H_3PO_4）	7.1×10^{-3}	氢氧化钠（NaOH）	6.3×10^{-1}
硼酸（H_3BO_3）	5.8×10^{-10}	氨（NH_3）	1.8×10^{-5}

由上表可见，盐酸的 K_a 最高，因此该表中盐酸的酸性最强。表中碱性最强的是氢氧化锂。由于 K_a 和 K_b 值通常为非常大或非常小的数字，因此化学家已将它们转换成一种更简单的形式，即 pK_a 和 pK_b。

pK_a 的计算与 pH 值的计算非常相似，这是因为 pK_a 和 K_a 之间的关系与 pH 值和氢离子浓度之间的关系完全相同：

$$pK_a = -\log K_a \qquad pK_b = -\log K_b$$

与 pH 值一样，pK_a 和 pK_b 值也没有单位。并且，pK_a 值越低，酸性越强；pK_b 值越低，碱性越强。这一点也与 pH 值相似。

表 4.2　常见的 pK_a 和 pK_b

常见的 pK_a		常见的 pK_b	
盐酸（HCl）	−6	氢氧化锂（LiOH）	−0.36
硝酸（HNO_3）	−1.4	氢氧化钾（KOH）	0.5
磷酸（H_3PO_4）	2.1	氢氧化钠（NaOH）	0.2
硼酸（H_3BO_3）	9.2	氨（NH_3）	4.7

“弱”和“强”的含义不同于“稀”和“浓”。酸或碱的强弱完全取决于其在水中解离的方式，而溶液的稀浓则取决于溶液中酸或碱与水的比例。向溶液中加入更多酸或碱可以制备弱酸或弱碱的浓溶液。同样地，也可以向溶液中加入更多水来制备强酸或强碱的稀溶液。如果向溶液中加入更多水，溶液就会变稀，因为每单位水中解离出的离子更少。但是，无论溶液中有多少水，强酸或强碱都能完全解离，弱酸或弱碱则不能。

中和反应

酸和碱相互接触会发生一种叫中和反应的化学反应。中和反应是一种双置换反应。在双置换反应中，一个反应物中的正离子取代另一个反应物中的正离子。例如，如果盐酸与氢氧化钠发生反应，那么氢氧化钠中带正电的钠离子将取代盐酸中的氢离子：

$$\underset{\text{盐酸}}{HCl} + \underset{\text{氢氧化钠}}{NaOH} \rightarrow \underset{\text{氯化钠}}{NaCl} + \underset{\text{水}}{H_2O}$$

每个反应物中的正离子和负离子相互交换，产生两种生成物——盐和水。

氯化钠以外的盐

中和反应始终能够生成两种物质：水和盐。在盐酸和氢氧化钠的反应中，生成的盐就是氯化钠，即食盐。并非所有的酸碱反应都会生成氯化钠，但一定会生成盐。盐是一种离子化合物。离子化合物是由阳离子（带正电的离子）和阴离子（带负电的离子）组成的化合物，其中的正负电荷互相平衡。因此，离子化合物呈电中性。

强酸溶于水能够完全解离，如硫酸：

$$H_2SO_4(aq) \leftrightarrows 2H^+ + SO_4^{2-}$$

硫酸　　氢离子　　硫酸根离子

氢离子前面的数字 2 表示每个硫酸分子能够解离出 2 个氢离子。

同样，强碱溶于水也能完全解离，如氢氧化钾：

$$KOH(aq) \leftrightarrows K^+ + OH^-$$

氢氧化钾　　钾离子　　氢氧根离子

每个氢氧化钾分子能够解离出 1 个钾离子和 1 个氢氧根离子。

请记住，酸碱反应是一种双置换反应。因此，如果将硫酸和氢氧化钾混合，则正离子发生置换。来自硫酸的氢离子将与负氢氧根离子反应生成水。由于氢离子带 1 个正电荷，氢氧根离子带 1 个负电荷，因此它们以 1∶1 的比例键合：

$$H^+ + OH^- \rightarrow H_2O$$

氢离子　　氢氧根离子　　水

来自氢氧化钾的正钾离子将与来自硫酸的负硫酸根离子反应。由于硫酸根离子带 2 个负电荷，钾离子带 1 个正电荷，因此需要 2 个钾离子来平衡 2 个负电荷以使化合物呈电中性：

$2K^{+}$	+	SO_4^{2-}	→	K_2SO_4
钾离子		硫酸根离子		硫酸钾

在硫酸钾的化学式中，钾离子后面的下标数字表示需要 2 个钾离子。硫酸钾是一种盐。当这两个方程式放在一起时（就像酸和碱混合在一起时一样），它们表示硫酸和氢氧化钾之间发生的双置换中和反应：

H_2SO_4	+	$2KOH$	→	K_2SO_4	+	$2H_2O$
硫酸		氢氧化钾		硫酸钾（盐）		水

苏打酸灭火器

苏打酸灭火器利用硫酸（酸）和小苏打（碱）之间的化学反应产生一股水流，用于扑灭火灾。灭火器内有一个装有硫酸的玻璃小瓶。灭火器的主体内含有小苏打溶液。当操作员按下柱塞以打破小瓶时，两种化学物质发生反应，产生水和二氧化碳气体。这个过程激活了灭火器。

H_2SO_4	+	$2NaHCO_3$	→	Na_2SO_4	+	$2H_2O$	+	$2CO_2(g)$
酸		钠		纳		水		碳
酸		碳酸氢盐		硫酸盐化		二氧化物		气体
		（小苏打）		（一种盐）				

由于灭火器内部的气压增加，它会通过灭火器的喷嘴喷出一股水流。由于苏打酸灭火器喷射水，因此只适用于 A 类火灾。A 类火灾涉及木材、纸张、纸板和布料。苏打酸灭火器不能用于电器火灾或油脂火灾，因为它们使用的水可能导致此类火灾扩散和失控。

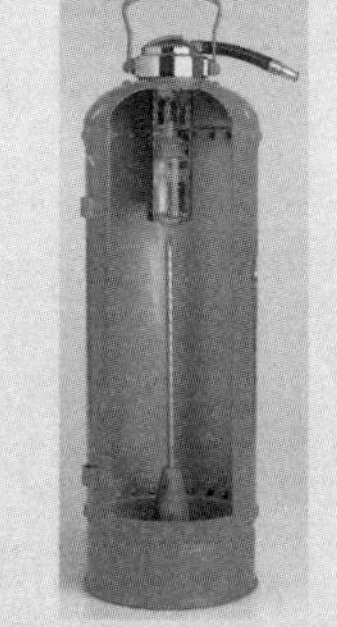

图 4.1　苏打酸灭火器

平衡化学方程式

在化学方程式中，如硫酸和氢氧化钾反应的方程式，反应物（混合在一起的物质）总是写在方程式左侧，生成物（反应物互相反应生成的物质）写在方程式右侧。化学反应无法创造或毁灭原子，只能对原子进行重新排列，这就是物质守恒定律。因此，化学方程式中反应物侧的每种元素的原子数始终与生成物侧的原子数相等。

要配平化学方程式，首先要在方程式左侧写出反应物的化学式。例如，在盐酸和氢氧化钠的反应中，盐酸和氢氧化钠的化学式分别为 HCl 和 NaOH。请记住，如果某种酸的英文名称以前缀“hydro-”开头，则表明它是一种二元酸。例如，盐酸的英文是 hydrochloric acid，这意味着盐酸仅由两种元素组成，其中一种元素必须是氢元素（否则它就不是酸），“-chloric”表示另一种元素是氯元素。

氢原子失去 1 个价电子时会形成电荷为 +1 的离子。氯原子有 7 个价电子（与元素周期表中 VIIA 族的所有元素相同），根据八隅体规则，它需要得到 1 个电子才能拥有 8 个价电子以达到稳定状态。氯原子得到 1 个电子时会形成电荷为 −1 的离子。当正离子和负离子结合生成化合物盐酸时，1 个氢离子（电荷为 +1）和 1 个氯离子（电荷为 −1）将结合生成电中性化合物 HCl。

有关氢氧化钠的反应也是类似的。看一下元素周期表，钠是元素周期表第一列（1A 族）中的一种金属元素。氢也属于 1A 族。元素周期表中同族元素的价电子数相同。1A 族中的元素有 1 个价电子，2A 族中的元素有 2 个价电子，依此类推。元素周期表左侧的元素是金属元素。金属元素能形成正离子。因此，氢离子的电荷为 +1，钠离子也一样。

游泳池的pH值

为了让人们在游泳池中舒适地游泳，游泳池的pH值必须保持中性。酸性的游泳池水会刺激游泳者的眼睛或鼻子，使皮肤干燥发痒，并且比中性水更容易破坏泳衣。不仅如此，酸性水还会溶解用于建造游泳池的材料，如大理石或石膏。

通过侵蚀这些材料，酸性水使游泳池的墙壁变得粗糙，这被称为蚀刻。蚀刻对泳衣和娇嫩的皮肤有影响，此外，藻类也喜欢在粗糙的表面生长，因此需要更多清洁工作。酸性水还会腐蚀（分解）金属部件，如梯子或泵。在游泳池水中加入氯以进行消毒。然而，在酸性水中，氯更快地释放到空气中。为了使游泳池得到适当的消毒，需要在水中添加更多的氯。

当水的碱性过高时，游泳者会经历相似的身体不适，如眼睛和鼻子灼烧，皮肤瘙痒和干燥。然而，对游泳池的影响却与酸性水不同。当水碱性过高时，溶解在池水中的钙可以从溶液中析出（沉淀）。沉淀是由于化学反应而从溶液中形成的固体物质。这种固体物质在池边形成不美观的水垢。与酸性水类似，碱性水也会影响氯的效果。需要向碱性水中添加更多的氯才能有效消毒池水。随着时间的推移，如果游泳池的pH值不能保持中性，维护成本会变得非常昂贵。

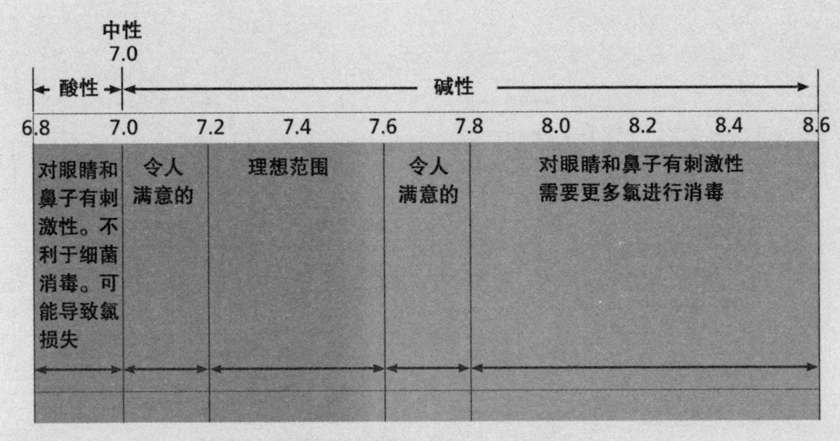

图4.2 游泳池的pH值范围

注：水池水的酸度过高或碱度过高会给游泳者带来不适。两种极端都会影响氯的效果。

游泳池的理想pH值为7.2，但在7.0至7.6的范围内也可接受。大多数游泳池商店出售pH测试工具包，用于监测游泳池的pH值并调整化学物质。

非金属元素位于元素周期表右侧，其所在的族的编号仍然表示价电子的数量（至少在保留了用罗马数字对各族元素进行编号的较早的元素周期表中是这样）。例如，氯元素位于元素周期表 VIIA 族中，因此它有 7 个价电子。为了让其外层能级上有 8 个电子，对氯元素（及其他非金属元素）来说，得到 1 个电子要比失去 7 个价电子更容易。因此，非金属元素在得到一个或多个电子时会形成负离子。根据非金属离子在元素周期表中的位置，我们可以确定它的电荷，即用 8 减去价电子数（非金属元素所在的族号）。

但要注意的是，元素周期表中没有氢氧根离子，因为氢氧根离子是一种多原子离子。请记住，多原子离子总是作为一个单元一起运动。要知道多原子离子的电荷没有其他办法，唯有靠记忆。氢氧根离子的电荷为 −1。因此，当钠离子（电荷为 +1）和氢氧根离子相互接触时，钠离子会将其 1 个价电子

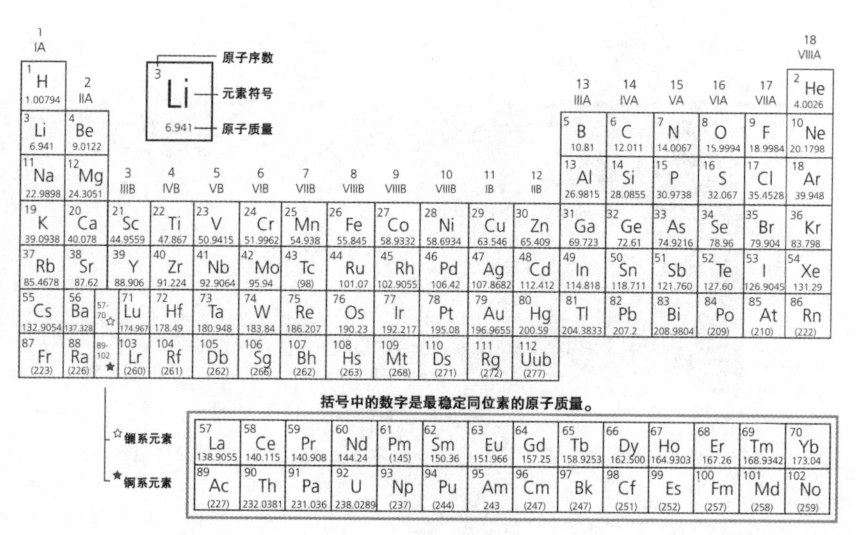

图 4.3　元素周期表

注：同族元素的价电子数相同。

提供给氢氧根离子，因为氢氧根离子需要 1 个电子才能保持稳定。这种电子的“交换”使钠离子带 1 个正电荷，氢氧根离子带 1 个负电荷。这就像磁铁的两极一样，两个带相反电荷的离子相互吸引，形成离子键。离子键合后生成的化合物就是氢氧化钠（NaOH）。与钠元素一样，钾元素也位于元素周期表的 1A 族，它会形成电荷为 +1 的离子。钾离子和氢氧根离子之间以离子键结合，生成化合物氢氧化钾（KOH）。

另一方面，硫酸由电荷为 −2 的多原子硫酸根离子组成。由于硫酸根离子的电荷为 −2，其需要 2 个氢离子（每个氢离子的电荷为 +1）才能稳定。因此，硫酸由 2 个氢离子和 1 个硫酸根离子组成，其化学式为 H_2SO_4。氢元素符号后面的下标数字“2”表示该化合物含有 2 个氢原子。硫酸根离子由硫和氧两种元素组成。但是，由于硫酸根离子属于多原子离子，因此硫原子和 4 个氧原子作为一个单元发生反应。

要建立硫酸和氢氧化钾反应的平衡化学方程式，首先要在方程式左侧写出反应物：

$$H_2SO_4 + KOH \rightarrow$$

硫酸　氢氧化钾

由于这是酸和碱之间的反应，因此这是一个双置换反应，并且正离子会交换位置。钾离子将与硫酸根离子反应生成硫酸钾（K_2SO_4），硫酸钾是一种盐。酸中的氢离子将与碱中的氢氧根离子反应生成 HOH，即水（H_2O）。

$$H_2SO_4 + KOH \rightarrow K_2SO_4 + H_2O$$

硫酸　氢氧化钾　硫酸钾　水

硫酸中的两个氢离子不能作为一个单元移动，因为它们不是多原子离子。水的分子式为 H_2O，这是因为氧位于元素周期表的 VIA 族。因此，氧原子具有 6 个价电子，还需要 2 个电子才能达到 8 个电子。所以，氧原子的电荷为 −2，这意味着需要 2 个氢原子来与之平衡。

然而，目前建立的方程式并不遵循物质守恒定律。如果将方程式左侧的原子数相加，其结果与右侧的原子总数并不相等。以氢原子为例：方程式左侧有 3 个氢原子（2 个在硫酸中，1 个在氢氧化钾中），而右侧却只有 2 个氢原子（均在水中）：

$$H_2SO_4 \quad + \quad KOH \quad \rightarrow \quad K_2SO_4 \quad + \quad H_2O$$

反应物侧	生成物侧
3 氢原子	2 氢原子
1 硫原子	1 硫原子
5 氧原子	5 氧原子
1 钾原子	2 钾原子

方程式反应物侧多余的氢原子不会凭空消失。同样，方程式右侧的钾原子也不能多于左侧。因此，硫酸和氢氧化钾不能以 1∶1 的比例发生反应。每个硫酸分子反应时必须有 2 个氢氧化钾分子：

$$H_2SO_4 + 2\ KOH \rightarrow K_2SO_4 + H_2O$$

在化学方程式中，化合物前面的数字表示平衡方程式所需的该化合物分子的数量。现在，如果反应物侧每种元素的原子数与生成物侧相等，那么该方程式就是平衡的：

$$H_2SO_4 \quad + \quad 2\ KOH \quad \rightarrow \quad K_2SO_4 \quad + \quad H_2O$$

反应物侧	生成物侧
4 氢原子	2 氢原子
1 硫原子	1 硫原子
6 氧原子	5 氧原子
2 钾原子	2 钾原子

然而，氢原子和氧原子仍然不平衡。由于氢原子和氧原子失衡，并且水中含有这两种元素，所以我们可以试着在生成物侧的水前面加上数字“2”：

$$H_2SO_4 + 2\,KOH \rightarrow K_2SO_4 + 2\,H_2O$$

反应物	生成物
4 氢原子	4 氢原子
1 硫原子	1 硫原子
6 氧原子	6 氧原子
2 钾原子	2 钾原子

现在，反应物侧有 4 个氢原子（硫酸中有 2 个，两个氢氧化钾分子中各有 1 个），生成物侧也有 4 个氢原子（两个水分子中各有 2 个），并且两侧所有其他原子的数量也相等。那么现在该方程式符合物质守恒定律，是一个平衡化学方程式。

第 5 章

工业中的酸和碱

化学家们在实验室中利用任何可用的工具充分发挥酸和碱的性质。在这些工具中，有一种依靠酸碱化学原理工作的实验室装置，即启普发生器。启普发生器（或气体发生器）以其发明者荷兰药剂师皮特鲁斯·杰克巴斯·启普（Petrus Johannes Kipp，1808—1864）的名字命名，被广泛用于制取二氧化碳、氢气或硫化氢等气体，以供化学家在其他化学反应中使用。

启普发生器由三个相连的球形玻璃容器组成，每个容器依次叠放。顶部容器是可移动的，并且有一根长型导管穿过中间容器，插入底部容器中。在制取氢气时，需要先取出顶部容器，并将一块固体（本例中为金属锌）放入中间容器，再将顶部容器放回原处。接着，将盐酸倒入顶部容器中，使盐酸沿着长型导管流入底部。当底部容器被填

图 5.1　启普发生器

满，盐酸就开始填充中间容器。最后，盐酸覆盖了中间容器中的固体锌，二者之间发生反应，产生氢气：

$$2\,HCl + Zn(s) \rightarrow ZnCl_2 + H_2(g)$$

盐酸　　锌　　氯化锌　　氢气

我们在上文中说过，“s”表示固体，“g”表示气体。一旦开始产生气体，化学家就能利用中间容器上的塞阀控制气体逸出。当阀门打开时，就能收集气体；阀门关闭时，装置内的气压会升高。随着气压升高，盐酸从中间容器向底部和顶部容器回流，直到不再与固体锌接触，气体停止产生。如果需要更多气体，则需要重新打开阀门，释放（并收集）积聚的气体。由于盐酸不再受气压的阻碍，于是从顶部和底部容器又回到中间容器中。当盐酸回到中间容器中，它将再次覆盖固体锌并产生更多气体。由于需要进行其他化学实验的气体，中间容器上的阀门可以被反复打开或关闭。

如果要制取硫化氢气体，那么在启普发生器中间的容器中要放入的就不是锌了，而是几块硫化亚铁：

FeS	+	$2\,HCl$	→	$FeCl_2$	+	$H_2S(g)$
硫化亚铁（II）		盐酸		氯化亚铁（II）		硫化氢气体

有些金属可形成的离子不止一种，例如铁。铁离子的电荷可以是 +2，也可以是 +3，化学家使用罗马数字来区分这两种不同的铁离子。化合物硫化亚铁中的罗马数字“II”表示该化合物中铁离子的电荷为 +2。

在分析化学实验室中，硫化氢气体可以用于检测溶液中的某些金属离子。如果溶液中含有 IIA 族金属（例如钙），向其中加入含硫化氢的酸性溶液时就会形成沉淀物，这是因为化学反应的生成物中出现了不溶性物质，即不能溶解的物质。

但是，IIIA 族金属（如铝）不会在酸性硫化氢溶液中沉淀。不过，它们会在碱性硫化氢溶液中沉淀。另外，无论溶液是酸性的还是碱性的，IA 族金属始终都可溶于硫化氢溶液。化学家可以利用溶解度的差异来鉴定特定金属离子是否存在。这种方法被广泛用于分析和识别溶液中的金属离子，为分析化学和实验室工作提供了重要的技术手段。

硫化氢是一种无色气体，闻起来像臭鸡蛋，因此常被称为恶臭气体或下水道气体。它也是一种有毒气体。因此，应将制取硫化氢气体的启普发生器放置在通风良好处。

二氧化碳气体在各种化学实验中也很有用。制取二氧化碳气体需使用大理石碎片，除此以外，其步骤与制取氢气和硫化氢气体基本一致。大理石是石灰岩在高温高压环境下形成的一种变质岩，大理石和石灰岩均由碳酸钙组成：

$CaCO_3$	+	$2\,HCl$	→	$CaCl_2$	+	H_2O	+	$CO_2(g)$
碳酸钙		盐酸		氯化钙		水		二氧化碳气体

工业中的酸

并不是只有化学家才会用到酸碱化学。实际上，世界上的大多数化工生产都与四种简单但非常有用的产品——硫酸、磷酸、氢氧化钠和氯化钠有关。

硫酸

硫酸（H_2SO_4）是全球产量第一的化学品。它是一种无色、无臭的黏稠液体。浓硫酸的英文也叫“oleum”，该词源于拉丁语，意思是“油”。实际上，浓硫酸的质地十分黏稠，曾被称作“硫酸油”。之所以得此别称，是因为它具有腐蚀性。

正如其别称所暗示的，浓硫酸具有极强的腐蚀性。它能迅速腐蚀塑料、木材、衣物、皮肤以及大部分金属，但它不会损害玻璃，因此可以用玻璃容器储存。将浓硫酸注入水中能够使其稀释，但必须谨慎操作，因为浓硫酸能与水发生剧烈反应，产生极端放热反应。（请记住，放热反应会释放热量。）如果将水倒入浓硫酸中，可能导致烧瓶中的混合物沸腾，从而导致浓硫酸迸溅。这就是应该将浓硫酸（及其他任何酸）慢慢注入水中而不能直接将水倒入浓硫酸中的原因。

化工生产的硫酸大部分用于制造肥料。肥料是用磷来生产的，磷是植物生长所必需的营养元素。磷酸盐存在于岩石中，这些岩石经硫酸腐蚀后会变得更易溶于水。用这种方法处理磷酸盐岩能释放出磷，以供植物根系吸收。

世界各地的人们不管是去工作、上学还是去杂货店，都离不开硫酸，这是因为大多数汽车电池都使用硫酸作为电解质。一般来说，电池的工作原理如下：电池是依靠化学反应产生电子的电化学装置。所有电池都有两个端子——正极端子和负极端子。（电池的端子也可以称为电极。）电子在电池的负极端子上聚集（这就是它成为负极的原因），当电线从电池的负极端子通

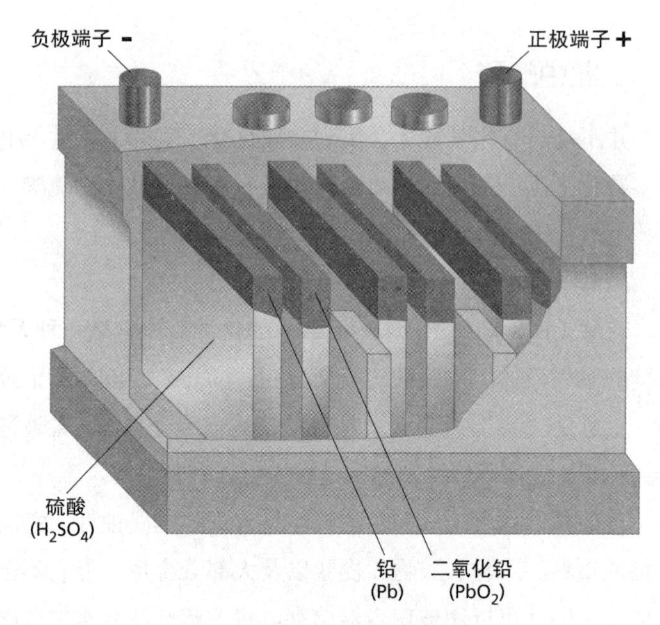

图 5.2　汽车使用的铅酸蓄电池

注：这种电池依靠铅、二氧化铅和硫酸之间的化学反应来工作。

过一个需要电流的设备（例如灯泡）连接到正极端子时，电子就会通过电线产生电流。

汽车蓄电池是铅酸蓄电池的一种。铅酸蓄电池依靠铅、二氧化铅和硫酸之间的化学反应来工作。铅酸电池的负极是由铅（Pb）制成的金属板，正极由化合物二氧化铅（PbO_2）制成，电解质是溶于蒸馏水的硫酸溶液。请记住，硫酸是一种强酸。因此，硫酸溶于水时能够完全电离。

$$H_2SO_4(aq) \leftrightarrows 2\,H^+ + SO_4^{2-}$$

硫酸　　　　氢离子　　　　硫酸根离子

铅电极和二氧化铅电极位于硫酸溶液中，该溶液通过化学方法连接电极。在负极，铅与硫酸根离子反应生成硫酸铅和电子：

$$Pb + SO_4^{2-} \rightleftarrows PbSO_4 + e^-$$

铅　　硫酸根离子　　硫酸铅　　电子

在正极，二氧化铅与铅板中的电子以及氢离子、硫酸根离子反应生成硫酸铅和水：

$$PbO_2 + 4H^+ + SO_4^{2-} + e^- \rightleftarrows PbSO_4 + 2H_2O$$

二氧化铅　　氢离子　　硫酸根离子　　电子　　硫酸铅　　水

当铅酸电池放电时，硫酸铅在两个端子上聚集，电解质中的水增多。然而，铅酸电池中的反应是可逆的。当电池充电时，电子的流动方向被反转，从正极端子流向负极端子。

然而，铅酸蓄电池只是电池的一种。不同的电池使用不同的金属和电解质来发挥作用。例如，碱性电池（手电筒、玩具和便携式电子设备中的电池）以锌粉和二氧化锰为电极，以碱性氢氧化钾溶液为电解质。大多数碱性电池含有的化学物质是有限的，一旦这些化学物质相互反应，直到耗尽，电池就会报废，并且无法再充电。

通常，硫酸是开采天然金属硫化矿石（矿床）的副产品。加热矿石以提炼金属的过程叫冶炼。冶炼金属硫化矿石会产生二氧化硫气体。在20世纪之前，冶炼过程中排放出的大部分二氧化硫直接从工厂的烟囱排入大气中。然而，大气中的二氧化硫是一种强大的温室气体。如今，大部分冶炼过程中排放的热二氧化硫气体都被捕获、冷却、净化，并转化为三氧化硫：

$$2SO_2(g) + O_2(g) \xrightarrow{催化剂} 2SO_3(g)$$

二氧化硫　　氧气　　三氧化硫

这与金星大气中的反应相同。但在地球上，这种反应可能是缓慢的，为了加速这个反应，需要使用催化剂。请记住，催化剂是一种能够加速化学反应而不参与反应本身的化学物质。

当化学物质混合在一起时，它们只有在粒子（原子和分子）发生碰撞时才会相互反应。如果反应物不接触，化学反应就不会发生。

但是，这并不是发生化学反应的唯一标准。粒子还必须与适当的能量碰撞，否则也不会发生化学反应。催化剂可以通过两种方式加速化学反应：其一是确保分子接触，其二是降低发生化学反应所需的能量。

在二氧化硫转化为三氧化硫的反应中，通常使用铂作为催化剂。铂使二氧化硫分子更容易与氧分子碰撞，从而加快反应速率。二氧化硫分子和氧分子被吸附（或黏附）至铂的表面，它们紧挨在一起，因此能够更频繁地接触并发生反应。另一方面，反应的生成物三氧化硫不会黏附在铂上。当更多二氧化硫与氧气结合并发生反应时，它就会脱落。在此反应过程中，铂不会发生任何变化，也不会被消耗掉。

接着，将三氧化硫通入水中得到硫酸：

$$\underset{\text{三氧化硫}}{SO_3(g)} + \underset{\text{水}}{H_2O(l)} \rightarrow \underset{\text{硫酸}}{H_2SO_4(l)}$$

美国每年生产约 4 000 万吨硫酸，相当于人均 300 磅（约 136 千克）。

磷酸

磷酸的年产量不及硫酸，只有 1 000 万吨。然而，磷酸是一种非常重要的化学物质。与硫酸一样，美国生产的大部分磷酸都用于生产农业肥料。

硫酸与磷酸钙岩石之间发生反应，生成磷酸：

$$\underset{\text{硫酸}}{3\,H_2SO_4(l)} + \underset{\text{磷酸钙}}{Ca_3(PO_4)_2(s)} \rightarrow \underset{\text{磷酸}}{2\,H_3PO_4(s)} + \underset{\text{硫酸钙}}{3\,CaSO_4(s)}$$

美国的磷矿资源主要分布在佛罗里达州、北卡罗来纳州、

图 5.3　浴缸和排水塞侧面的肥皂浮渣

犹他州和爱达荷州。

除了生产肥料外，磷酸还可以用作食品添加剂，向碳酸汽水、啤酒、一些果冻和果酱以及奶酪中添加我们所熟悉的酸味。由于磷酸能轻而易举地溶解氧化铁（铁锈），因此也常被用作除锈剂。另外，洗涤剂制造商还将磷酸作为软水剂添加到洗涤剂中。软水剂是一种化学物质，能去除硬水中的钙镁离子（正是这些离子使水变“硬”）。如果没有软水剂，这些离子在遇到肥皂或洗涤剂时就会在溶液中沉淀，在洗衣机内部或浴缸表面形成肥皂浮渣和令人讨厌的水垢。由于磷酸能够溶解这些离子，因此常被用作清洁用品中的活性成分来去除浴室设备上的硬水沉积物和肥皂浮渣。

硝酸

硫酸也用于制造硝酸。硫酸与硝酸钠结合会产生硫酸钠和硝酸：

$$2\,NaNO_3 + H_2SO_4 \rightarrow 2\,HNO_3 + Na_2SO_4$$

硝酸钠　　硫酸　　硝酸　　硫酸钠

与硫酸和磷酸一样，全球生产的大部分硝酸都用于制造肥料。不过，硝酸也能用于制造信号弹、火箭推进剂和硝化甘油等炸药。

盐酸

盐酸（也称氢氯酸）通常用于清洁石材建筑物和游泳池，也可以用于调节游泳池中的 pH 值并清洁钢铁为进行热镀锌处理做准备。人们每天依赖的许多建筑物和机器，如桥梁、汽车、楼房和卡车都是由铁或钢制成的。钢中也含有铁。然而，当钢铁暴露在空气中时，由于空气中含有氧气和水汽，铁会与氧气反应生成氧化铁，即铁锈。生锈是一种腐蚀过程，如果持续发生会削弱金属的强度。阻止生锈的唯一办法是阻止该化学反应。其中一种方法是镀锌，该工艺旨在保护钢铁制件免受自然元素侵蚀的影响。

为钢铁制件镀锌需要将它们浸入熔融的锌中，使锌覆盖在其表面以隔绝氧气和水分。但是，在镀锌之前必须先对钢铁制件进行适当的清洁，这就需要用到盐酸。盐酸能够去除钢铁表面已经形成的铁锈，这个过程叫酸洗。如果未正确清洗，锌将很难黏附在钢铁制件表面，镀锌也就无法起到保护作用。

盐酸是通过将氯化氢气体溶解在水中制得的。在室温下，氯化氢是一种无色的有毒气体。但将它溶解在水中能够制备盐酸，因此它也是一种非常有用的化合物。

工业中的碱

过去，碱工业是以石灰岩或白垩为基础的。石灰岩的化学名称为碳酸钙（$CaCO_3$），它是贝壳中非常常见的一种矿物。因

图 5.4　印第安纳州的一名钢铁工人正在进行热浸镀锌工艺

此，石灰岩是海洋或湖泊蒸发时形成的天然沉积岩。加热石灰岩会产生二氧化碳和氧化钙（CaO）。氧化钙就是我们俗称的石灰：

$$CaCO_3(s) \xrightarrow{\text{加热}} CaO(s) + CO_2(g)$$

碳酸钙（石灰岩）　　氧化钙（石灰）　　二氧化碳气体

“万众瞩目”

石灰曾在剧院中使用。实际上，“万众瞩目”一词源自剧院的第一个聚光灯。在电产生之前，舞台照明是通过加热氧化钙来实现的。由于氧化钙的熔点高达 4 662 ℉（2 572 ℃），因此它可以被加热至足够高的温度，使其发出红光而不熔化。为了产生聚光灯效果，将镜片放在发光的石灰前，以聚焦光线。

然而，由于石灰发光需要高温，因此产生石灰光需要一些奇特的化学反应。为了制造炽热的火焰，需要氢气和氧气（均

抓住罪犯

甚至警方也会利用酸和碱来抓捕罪犯。例如，法医可以将犯罪现场发现的土壤 pH 值与轮胎胎纹或鞋底上发现的微量土壤进行比较。他们还使用一种叫卡斯尔–梅耶试剂（Kastle-Meyer solution）的过氧化氢和菲诺红的混合物来检测血液。在犯罪现场，当专家发现疑似干血迹的斑点时，会使用卡斯尔–梅耶试剂。该试剂在血液存在的情况下会变成鲜艳的粉红色。如果这些斑点实际上是其他物质，比如干番茄酱或红褐色油漆，卡斯尔–梅耶试剂则保持无色。

犯罪分子甚至尝试利用酸碱化学来逃避追捕。例如，20 世纪 30 年代的银行抢劫犯约翰·迪林杰曾经迫使一名整形外科医生用浓酸处理他的指纹。显然，迪林杰认为这样可以抹掉他的指纹。然而，他本可以避免这种痛苦，酸只去除了他皮肤的顶层或前两层，皮肤以及他的指纹会重新生长。在与联邦调查局的最后一次枪战之后，他的身份通过指纹被确认。

为易燃且具有潜在爆炸性的物质）。将锌片放入硫酸中可以制得氢气：

$$Zn(s) + H_2SO_4(aq) \rightarrow ZnSO_4(aq) + H_2(g)$$

锌　　硫酸　　硫酸锌　　氢气

将氯酸钾与二氧化锰一起加热能够制得氧气。在该反应中，二氧化锰起催化作用，氯酸钾分解成氯化钾和氧气：

$$2\,KClO_3(s) \xrightarrow{MnO_2} 2\,KCl(s) + 3\,O_2(g)$$

氯酸钾　　氯化钾　　氧气

由于潜在的易爆气体，剧院在当时是个危险的地方，一直存在火灾隐患。

当然，如今石灰已经不再用于舞台照明，但它仍然用于制造混凝土。用石灰制造混凝土已经有数千年的历史了。实际上，中国的长城就是用石灰水泥建造的。

然而，周围有石灰也有一个比较麻烦的地方，就是无论将石灰放在哪里，都必须使其保持完全干燥。因为氧化钙能够与水反应生成氢氧化钙（或称“熟石灰”）。

$$CaO + H_2O \rightarrow Ca(OH)_2$$

氧化钙（石灰）　水　氢氧化钙（熟石灰）

这是一种极度放热的反应，会产生 1 292 ℉（700 ℃）的高温。来说说火灾隐患吧！事实上，在过去，许多木船都曾因为海水渗进存放石灰的货舱而起火。

氢氧化钠

氢氧化钠（NaOH）是另一种重要的碱，也叫碱液、苏打碱或烧碱，以区别于氢氧化钾（钾碱液）。过去，人们从木头灰烬中提取碱液，用于制造肥皂。然而，碱液是一种具有很强腐蚀性的化学物质。如果碱液与皮肤接触，会导致严重的化学灼伤；如果不慎进入眼睛，则可能导致永久性失明。因此，在制造肥皂时必须十分小心，并且还要确保正确地混合碱液和动物脂肪（猪油），以免伤害自己和家人。由于氢氧化钠具有腐蚀性，因此它也被用作烤箱和下水道清洁剂中的活性成分。

氯化钠溶液在电流作用下生成氢氧化钠：

$$2\,H_2O + 2\,NaCl(aq) \xrightarrow{\text{电流}} 2\,NaOH(aq) + Cl_2(g) + H_2(g)$$

水　氯化钠　氢氧化钠　氯气　氢气

氯（Cl）和氢（H）的化学式后的字母“g”表示该反应产生了氯气和氢气。

氨

氨，另一种众所周知的清洁能源，也用于制造肥料、硝酸、碳酸钠（洗涤碱）、炸药、尼龙和小苏打。将氮气（取自空气）和氢气（取自天然气）混合能够制得氨气，这个过程称为哈伯-博施法（Haber-Bosch process）：

$$N_2(g) + 3H_2(g) \rightarrow 2NH_3(g)$$

氮气　　　氢气　　　氨气（三氢化氮）

哈伯-博施法是由德国化学家弗里茨·哈伯（Fritz Haber，1868—1934）于1909年发明的。该反应需要在高温［约932 ℉（500 ℃）］、高压（250个大气压）条件下进行，且需要多孔铁催化剂。

在哈伯时代，科学家知道植物的最佳生长条件离不开三种元素——钾、磷和氮。其中，钾（氢氧化钾）和磷矿资源丰富，足够为农民提供种植作物所需的钾和磷。然而，已知的氮源只有一种——智利硝石（硝酸钠）。科学家们还知道，地球大气中78%是氮气。因此，哈伯和其他科学家开始寻找一种能将空气中的氮转化为可被植物利用的可溶性氮化合物的方法。

一开始，哈伯在常压和大约1 832 ℉（1 000 ℃）的温度条件下，以铁屑作为催化剂，成功地用氮和氢合成了少量氨。在卡尔·博施（Carl Bosch，1874—1940）的帮助下，哈伯很快发现温度条件不必超过500 ℃，但高压条件是有必要的，因为高压能够加速反应。

博施还努力使哈伯法工业化。1913年，哈伯和博施在德国开设了一家氨制造厂。一年后，第一次世界大战爆发。硝石不仅能用于制造肥料，还是制造硝酸的重要原料，而硝酸的用途是制造炸药。战争开始后，英国海军迅速切断了德国的智利硝酸石供应。一些历史学家估计，如果没有哈伯法，德国用于制造炸药的硝酸到1916年就会消耗殆尽。然而，战争又持续了两年，因为德国已经不需要依靠进口硝酸来制造肥料或炸药了。

小苏打

从假牙清洁剂、抗酸剂到牙膏和面包，小苏打的身影无处不在。如果没有小苏打，我们的日常生活将截然不同。制备小苏打有几种方法，其中一种是向饱和食盐水中通入氨气，再通入二氧化碳，小苏打（或碳酸氢钠）就会从溶液中析出：

$NaCl$ (aq)	+	H_2O (l)	+	NH_3 (g)	+	CO_2 (g)	$\rightarrow$	NH_4Cl (aq)	+	$NaHCO_3$ (s)
氯化钠		水		氨气		二氧化碳		氯化铵		碳酸氢钠（小苏打）

该反应生成的碳酸氢钠不仅可以用来制作饼干，还可以通过加热制备碳酸钠（或碱灰）：

$NaHCO_3$	$\xrightarrow{加热}$	Na_2CO_3	+	CO_2	+	H_2O
碳酸氢钠		碳酸钠（碱灰）		二氧化碳		水

这种制备碱灰的方法叫索尔维法（Solvay process），是比利时商人欧内斯特·索尔维（Ernest Solvay，1838—1922）于1861年发明的。19世纪70年代，索尔维法被用于商业生产碱灰，至今仍在使用。碱灰不仅能够用于制造玻璃和肥皂，还能用于漂白纸张和布料。

该反应生成的氯化铵可通过向其中添加石灰进行回收利用，氯化铵和石灰反应生成氨气：

$2\,NH_4Cl$	+	CaO	$\rightarrow$	$CaCl_2$	+	H_2O	+	$2\,NH_3$
氯化铵		氧化钙（石灰）		氯化钙		水		氨

小苏打也可以通过将碱灰与水混合，然后通入二氧化碳制得：

Na_2CO_3	+	H_2O	+	CO_2	$\rightarrow$	$NaHCO_3$
碳酸钠（碱灰）		水		二氧化碳		碳酸氢钠（小苏打）

诚然，酸和碱都是非常有用的化学物质。如果没有它们，我们的生活会大不相同。但是，强酸和强碱也是非常危险的化

制作木乃伊

小苏打和苏打灰对古埃及人来说还有另外一种用途。他们使用一种叫“纳特龙”(natron)的天然碳酸盐矿物质来帮助保存死者的身体，为来世做准备。纳特龙主要由碳酸钠（苏打灰）和碳酸氢钠（小苏打）组成。如今，我们使用小苏打进行很多类似古埃及人使用“纳特龙”做的事情，包括清洁牙齿、身体和家居，尽管不再用于保存尸体。

学物质，它们具有腐蚀性，如不慎接触，会引起皮肤灼伤。化学灼伤和被火烧伤一样严重（甚至更为严重），因为强酸和强碱能使皮肤脱水，造成皮肤组织间的化学键断裂。眼部和肺部极易遭到化学灼伤，因此，在使用强酸或强碱时必须十分谨慎。

第 6 章

人体中的酸和碱

酸和碱在人体外可能是非常危险的化学物质，但人体内也存在大量酸和碱。它们不仅对身体无害，而且对维持身体正常功能是必不可少的。

消化

依赖酸和碱的身体功能之一是消化过程。在消化过程中，食物被分解成小分子被身体吸收。当食物进入口中，与唾液中的淀粉酶接触时，消化就开始了。酶是人体内的催化剂，能够加速化学反应，否则这些化学反应会因过慢而对身体无益。淀粉酶能够分解淀粉分子并将其转化为糖。

食物被吞下后，消化过程继续在胃中进行。在这里，食物会受到胃酸的侵蚀。实际上，胃酸是一种浓盐酸，它与胃蛋白酶（pepsin）一起分解食物中的蛋白质。由于胃蛋白酶只能在酸性较强的环境中发挥作用，因此需要胃酸将胃中的 pH 值维持在低水平状态，以维持胃蛋白酶的运作。

既然酸具有腐蚀性，尤其是浓酸，那么是什么阻止胃酸侵蚀胃壁呢？答案是胃部的黏液。如果没有黏液层的保护，一旦胃酸渗回食道，人就可能患上一种叫胃灼热的常见疾病。尽管罹患胃灼热会出现烧心感，但它其实与心脏无关。（然而，某些心脏病发作的症状被不幸误诊为胃灼热。）胃酸通常被一个叫食管下括约肌（lower esophageal sphincter，LES）的单向阀困在胃中。LES 打开时能让食物进入胃腔或使胃内气体排出（即打嗝）。但是，如果 LES 无法正常闭合，就可能导致胃酸渗回食道。酸的这种逆流称为反流。由于酸具有腐蚀性，因此会引起食道的灼热感。胃灼热也称为胃酸反流。

为了防止小肠受损，食物在进入消化道之前，必须先中和胃酸。小肠上部的十二指肠能分泌一种叫促胰液素的激素，以监测小肠的 pH 值。促胰液素向身体其他部位传递化学信号，告诉它们何时释放不同的化学物质以维持 pH 平衡。例如，如果促胰液素感觉到十二指肠内容物过酸，就会向胰腺发送分泌碱性消化液的信号。碱性消化液中含有碳酸氢钠。碳酸氢盐能够中和胃酸，防止胃酸对小肠造成伤害。

消化过程分泌的化学物质有很多流入小肠，碳酸氢盐只是其中之一。除此之外，还有胆汁酸。胆汁由肝脏分泌，贮存在胆囊中，待需要时由胆管流入小肠。胆汁对脂肪的分解起着至关重要的作用，它将脂肪在小肠中乳化成脂肪滴，就像肥皂能溶解锅中的油脂一样。这些脂肪滴被其他肠道酶进一步分解，以便被身体吸收。

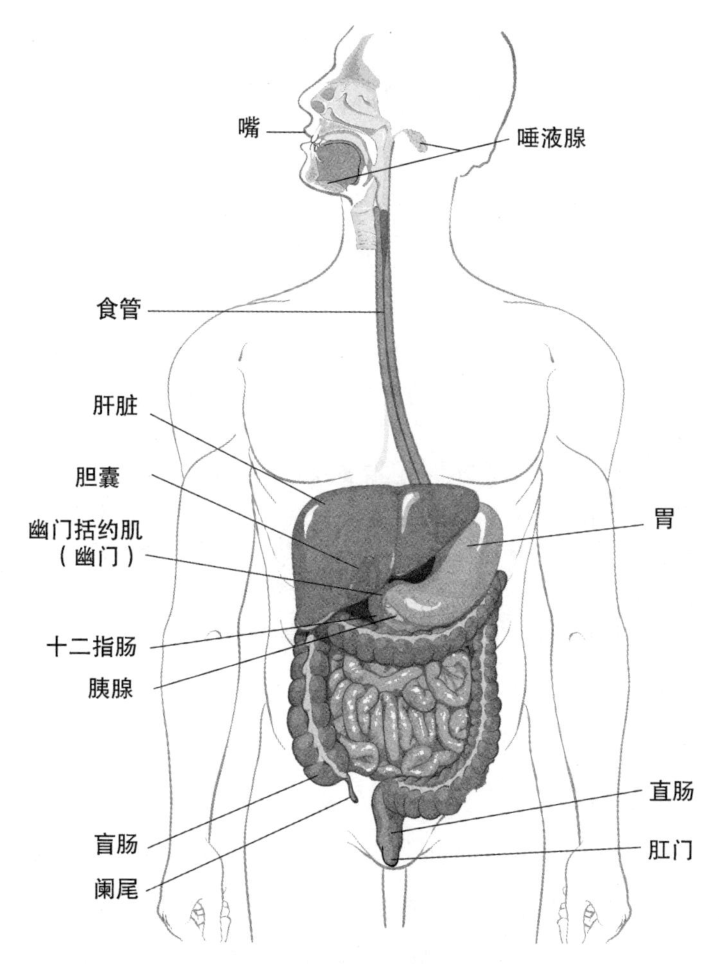

图 6.1　消化系统中的酸和碱

注：食物被吞下后会受到胃酸的侵蚀，胃酸被中和以后食物才能继续向下进入消化道。一种叫作促胰液素的激素能够监测小肠内的酸碱平衡状态，并向身体其他部位发送化学信号，从而调节体内酸碱平衡。

酸如何降低胆固醇

尽管胆固醇备受争议，但身体确实需要胆固醇。事实上，胆固醇是胆汁的关键成分之一。身体产生的胆汁越多，血液中的胆固醇含量就越低。

果胶是果冻和果酱的主要成分，它能够通过促使身体产生更多胆汁酸来降低血液中的胆固醇水平。果胶是一种纤维素，和大多数纤维素一样，无法被人体消化吸收。相反，纤维素在小肠中缓慢移动。当果胶遇到糖和酸时，其分子会在长链内捕获水分，形成类似凝胶的团块。这个凝胶会捕获并最终清除肠道中的胆汁酸。当这种情况发生时，身体必须产生更多的胆汁酸，从而减少血液中的胆固醇含量。

果胶存在于苹果和包围橙子、葡萄柚或其他柑橘类水果的白色薄膜中，同时也存在于其他几种食物中。也有由苹果核制成的果胶粉可供使用，但科学家们发现食用苹果或柑橘类水果对降低血液胆固醇水平的效果要比食用果胶粉更好。他们认为食用整个水果更好，因为身体还需要维生素 C 将胆固醇转化为胆汁酸。水果含有维生素 C 或抗坏血酸，而果胶粉则没有。

血液化学

正常情况下，人体的 pH 值呈弱碱性，平均保持在 7.35 至 7.45 之间。pH 值高于 7.8 或低于 6.8 都可能致命。人体依靠缓冲溶液调节自身 pH 值。缓冲溶液是由弱酸及其盐、弱碱及其盐组成的溶液，当有少量酸或碱加入时，它能抵抗 pH 值变化，使其保持相对稳定。

例如，可以用乙酸（CH_3COOH）及其盐乙酸钠（CH_3COONa）来制备缓冲溶液。乙酸钠在水中完全电离，形成钠离子和乙酸根离子：

$$CH_3COONa(aq) \rightarrow Na^+(aq) + CH_3COO^-(aq)$$

乙酸钠　　　　钠离子　　　　乙酸根离子

制备缓冲溶液需要在乙酸钠溶液中加入乙酸。乙酸是一种弱酸，因此不能完全电离。但它的确能够释放氢离子，其中一些氢离子与乙酸根离子反应生成更多乙酸。此时的溶液因含有大量乙酸根离子和氢离子而呈酸性。

$$CH_3COOH(aq) \rightarrow CH_3COO^-(aq) + H^-(aq)$$

乙酸　　　　乙酸根离子　　　　氢离子

如果向该溶液中加入酸，则会产生更多乙酸。新加入的酸释放出的氢离子被乙酸根离子吸收了，而乙酸仅有少量电离，因此溶液的 pH 值变化不大。

如果向该溶液中加入碱，则氢离子与氢氧根离子反应生成水。如果还有氢氧根离子剩余，则会导致更多的乙酸分解。同样，大多数加入的氢氧根离子被吸收了，因此溶液的 pH 值也没有什么变化。

但是，如果不断地加入酸，溶液的 pH 值最终会发生改变。一旦所有乙酸根离子都转化为乙酸，会导致氢离子过剩，使溶液的酸性增强。同样，如果加入的碱过多，乙酸就会被耗尽，过量的氢氧根离子会使溶液的 pH 值升高。在 pH 值发生显著变化之前能够向缓冲溶液中加入酸或碱的量称为该溶液的缓冲容量。

在人体中，二氧化碳起缓冲作用，这就是碳酸氢盐缓冲系统。该缓冲系统使人体的血液 pH 值保持在正常水平。对血液 pH 值造成威胁的主要是体内各种化学反应产生的过量氢离子。当氢离子产生时，其与血液中的碳酸氢根离子结合生成碳酸：

$$HCO_3^-(aq) + H^+(aq) \rightarrow H_2CO_3(aq)$$

碳酸氢根离子（碳酸氢盐）　　氢离子　　碳酸

当碳酸水平过高时，人体会释放出碳酸酐酶，这种酶能催化碳酸分解成二氧化碳和水的反应：

$$H_2CO_3 \overset{酶}{\leftrightarrows} CO_2 + H_2O$$

碳酸　　二氧化碳　　水

为了使血液 pH 值保持在正常范围内，肺调节血液中二氧化碳的含量，肾脏调节碳酸氢盐的含量。

酸中毒

如果人体因为疾病或其他问题而无法中和酸，就可能出现酸中毒的情况。当血液 pH 值低于正常值 7.35 时，就会发生酸中毒。糖尿病是导致酸中毒的疾病之一。糖尿病性酸中毒是缺乏胰岛素引起的，这种情况通常发生在 I 型糖尿病患者没有按时注射胰岛素的时候。

pH 值与护发

正常头发是微酸性的。事实上，头发的 pH 值介于 4.5 到 5.5 之间。当头发的碱性过高时，会变得干燥、易打结、失去光泽，并且整体上看起来受损。化学处理，如永久波、染发和漂白，以及个人的天然体质化学反应，都会提高头发的 pH 值。

在碱性溶液中，毛发的最外层——角质层会膨胀、变软并变得粗糙。角质层由透明的扁平细胞组成，类似于屋顶上的瓦片，贴合在毛发的表面。当细胞没有平整铺展时，角质层会变得更加粗糙。当一根毛发上突起的角质细胞与另一根毛发上突起的角质细胞纠缠在一起时，就会发生毛发缠结。突起的细胞也会以不同于平滑、扁平细胞的方式反射光线，使头发看起来暗淡无光。

因此，大多数洗发水和护发素都是微酸性的。在酸性溶液中，毛发的角质层会收缩和硬化。这样可以使突起的角质细胞变得平滑，并使它们更平整。平滑的角质细胞能够减少毛发的缠结，并使头发更有光泽。

胰岛素能够调节血液中葡萄糖（一种糖）的含量。当身体没有足够的胰岛素时，血糖水平就会上升，身体也开始不受控制地燃烧脂肪。脂肪分解会产生副产品——一种叫酮的化学物质。酮是一种酸。如果身体缺乏胰岛素，这些酮就开始在血液中累积，一旦达到一定的量，就会导致血液失去缓冲酸的能力。

酮可以通过尿液排出体外，因此，医生可以通过尿检来确定患者是否出现了糖尿病性酸中毒的症状。如果尿液中含酮，这对医生来说是一个信号，表明患者的糖尿病已经失控。如果不进行治疗，患者的病情可能加重。在极少数情况下，I 型或 II 型糖尿病患者即使按时服药也可能发展为酸中毒，这通常是其他一些严重的健康问题导致的，如感染或心脏病发作。

糖尿病性酸中毒可在短短数小时内发病。因此，在某些情况下，医生可能会要求糖尿病患者在家里使用专用试纸来检测尿液中是否含酮。例如，针对一些血糖水平很高的糖尿病患者，医生会建议他们每 4 到 6 小时检测一次尿液。如果患者得了感冒或流感，或者出现任何酸中毒的症状，包括口舌干燥、尿频、呼吸短促以及口气中带有水果味等情况，也应该进行尿酮体检查。糖尿病性酸中毒可能危及生命，导致患者昏迷或死亡，因此必须立即就医。糖尿病性酸中毒又称酮症酸中毒。

与酮症酸中毒一样，呼吸性酸中毒也会破坏人体内的酸碱平衡。当肺部无法从体内清除足够的二氧化碳时，就会发生呼吸性酸中毒。这可能是严重的肺部疾病引起的，如慢性哮喘、肺气肿或支气管炎，也可能是脊柱侧弯（脊柱弯曲）或严重肥胖而导致肺部排空受阻所致。

呼吸性酸中毒有两种类型。一种是长时间形成的，称为慢性呼吸性酸中毒。身体可以通过向肾脏发出产生更多碳酸氢盐的信号来适应这种呼吸性酸中毒，从而使人体的酸碱度恢复平

乳酸与运动

有时候，科学家们也会犯错。乳酸与运动似乎就是一个典型的例子。一个多世纪以来，乳酸被视为运动中的“坏小子”。人们相信，剧烈而不熟悉的运动会导致乳酸在肌肉中积聚，使其产生燃烧感，并最终导致疲劳和力竭。一些运动员甚至会测试血液中的乳酸含量。人们普遍认为乳酸是一种有毒的废物。但事实并非如此。

实际上，肌肉将乳酸（实际上应该叫乳酸盐，但人们通常将这两个术语混为一谈）用作燃料。肌肉细胞有意地产生乳酸。科学家们发现细胞将血糖转化为乳酸。乳酸被肌肉细胞中的线粒体吸收，并作为燃料燃烧。与先前的观点相反，运动员之所以可以比大多数人更强度地和更长时间地进行运动，不是因为他们能更快地分解乳酸，而是因为他们的肌肉含有更多吸收乳酸的线粒体，从而使肌肉产生更多的能量。

衡。另一种是发展迅速的急性呼吸性酸中毒。发病时，肾脏无法快速反应以阻止血液 pH 值下降。急性呼吸性酸中毒的症状包括神志不清、全身乏力和呼吸短促。与糖尿病性酸中毒一样，急性呼吸性酸中毒也可能危及生命，必须立即就医。

血液的碱性也可能过高，这种情况称为碱中毒。一旦从体内排出的二氧化碳过多，就会发生碱中毒。过度换气是碱中毒最常见的原因。

人体内的其他酸

除胃酸、胆汁酸和乳酸外，人体中还有许多其他的酸，包括但不限于核酸、氨基酸、脂肪酸以及叶酸、抗坏血酸等维生素。核酸是由连接着核苷酸碱基的磷酸和糖组成的长链，分为 RNA（核糖核酸）和 DNA（脱氧核糖核酸）。RNA 和 DNA 主链中的磷酸盐分子来自磷酸。因此，DNA 呈弱酸性。

根据路易斯对酸的定义，DNA 能够接受电子。不幸的是，对人体而言，DNA 接受的电子通常来自氧。无疑，人体需要氧才能生存。但在某些情况下，氧也会对人体造成危害。

氧通过血液循环输送到细胞中。一旦进入细胞，它就会参与葡萄糖的分解。这种分解会产生二氧化碳和水，同时释放能量。氧分解葡萄糖分子是通过破坏分子间的化学键来实现的。它从葡萄糖分子中夺走一个电子，导致将分子黏合在一起的“胶水”被破坏。

科学家把带有一个多余电子的氧原子称为自由基。这种氧原子不稳定，极易发生化学反应。DNA、脂肪和蛋白质本质上是酸性的，因此，它们非常乐意从氧中得到多余的电子。不幸的是，当这些物质与氧反应时，它们的化学性质会发生变化，从而失去正常功能。例如，胆固醇与氧发生反应会变成 LDL（低密度脂蛋白）胆固醇，导致动脉受损。因此，LDL 胆固醇又称为“坏胆固醇”。皮肤中的蛋白质与自由基反应会导致皮肤

图 6.2　水果和蔬菜中含有抗氧化剂

失去弹性，从而产生皱纹。被自由基破坏的 DNA 不能正常复制，这可能会诱发癌症。

自由基对人体的危害很大。维生素 C、维生素 E 和 β- 胡萝卜素都是抗氧化剂，这些化合物能在自由基与其他分子（如 DNA、脂肪和蛋白质）发生反应之前与自由基反应。由于水果和蔬菜富含抗氧化剂，因此医生建议人们每天多吃这些食物。

说到对身体有益的食物，科学家还发现了一种存在于鱼类中的酸，叫二十二碳六烯酸，或 DHA。他们认为这种酸对维持大脑功能起着非常重要的作用。DHA 属于 Ω-3 脂肪酸。人类大脑约有 60% 是由脂肪构成的，其中大部分是 DHA 脂肪。

血液中的 DHA 水平低不仅与阅读障碍、注意力缺陷障碍和多动症有关，也与痴呆症有关，包括阿尔茨海默病。科学家发现，在经常食用鱼类的文明中，这些疾病的发病率要低得多。显然，从饮食中摄取 DHA 有助于保持大脑健康。但如果有人不喜欢吃鱼怎么办呢？不用担心，鸡蛋和动物内脏（如肝脏）中也含有 DHA。

像 DHA 这样的脂肪酸是脂肪分解的副产品。DHA 等脂

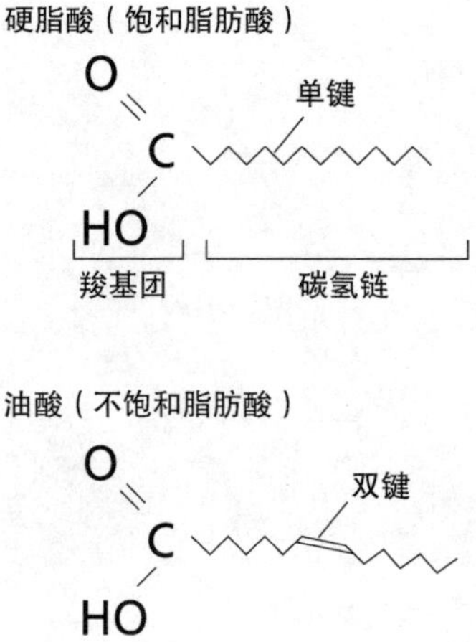

硬脂酸（饱和脂肪酸）
O
单键
C
HO
羧基团
碳氢链

油酸（不饱和脂肪酸）
O
双键
C
HO

图 6.3　脂肪酸含有一个羧基

肪酸属于有机酸，有机化合物是指含碳化合物。人体中的许多有机酸都含有一个叫羧基（-COOH）的功能团，也被称为羧基团。最简单的有机酸是甲酸（HCOOH），也叫蚁酸。醋酸（CH_3COOH）也是一种有机酸，学名叫乙酸。在有机化学命名法中，前缀“meth-”表示该化合物含有1个碳原子，“eth-”表示该化合物含有2个碳原子。脂肪酸含有1个羧基，因此呈酸性。同样，氨基酸中含有羧基和胺基（-NH2），羧基赋予其酸性。许多维生素中也含有羧基，如维生素C（抗坏血酸）、维生素B5（泛酸）、维生素B9（叶酸）和维生素A（维甲酸）。有机酸一般都是弱酸。

酸性和碱性药物

有时，身体需要一些帮助来调节酸碱平衡。例如，经常出现胃灼热的人可能需要服用抗酸剂来中和渗入食道的胃酸。镁乳是一种常见的抗酸剂，它其实就是氢氧化镁。胃酸和镁乳之间的化学反应属于中和反应：

HCl	+	$Mg(OH)_2$	→	$MgCl_2$	+	H_2O
胃酸		镁乳（抗酸剂）		氯化镁（盐）		水

另一种常见的药物，阿司匹林（Aspirin），是一种酸性药物，其化学名称为乙酰水杨酸。阿司匹林是一种有机酸，它与脂肪酸和氨基酸一样，因为含有羧基而呈弱酸性。然而，胃本身是酸性的，再向其中添加酸性药物可能引起胃部问题。改良过的阿司匹林缓冲片解决了这个问题，不会对胃部造成刺激。

第 7 章

自然界中的酸和碱

酸和碱遍布整个自然界。事实上，昆虫利用酸和碱作为一种防御机制，并能形成美丽的石灰岩洞穴。但是，如果不仔细监测，环境中的酸和碱会造成很大危害。

昆虫毒液

许多昆虫利用酸和碱来抵御捕食者的侵害。例如，蜜蜂的螫针中含有酸性毒液。这样看来，被蜜蜂蜇伤，尝试用小苏打来中和蜂毒似乎是合理的。不幸的是，事情并没有那么简单。蜜蜂的毒液中确实含有蚁酸（也称甲酸），如果蚁酸只进入皮肤表皮，那么小苏打也许可以很好地中和毒液。然而，蜜蜂通常会把毒液注射到小苏打无法到达的地方。此外，蚁酸也只是引起蜇伤的其中一种化学物质。实际上，蜜蜂的毒液由 63 种不同

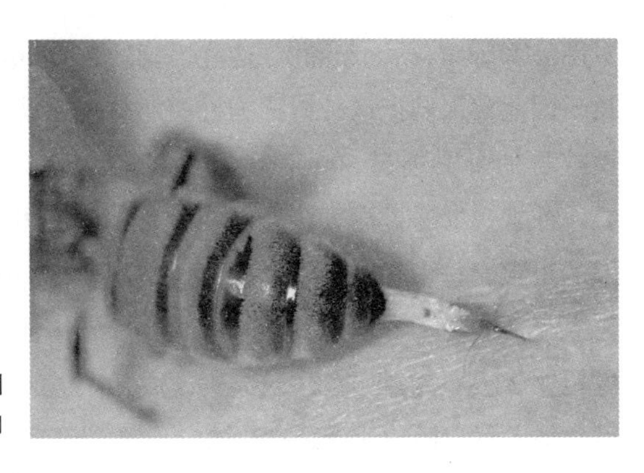

图 7.1 蜜蜂利用酸和碱来自我防御

的化学物质组成。不过，有许多报告称，小苏打膏有助于缓解部分人被蜜蜂蜇伤的刺痛感。小苏打是无害的，把它涂在伤口上不会造成任何伤害。因此，无论如何都值得一试。

另一方面，从理论上来讲，如果被黄蜂蜇伤，使用小苏打只会加重疼痛，因为黄蜂的毒液是碱性的。因此，被黄蜂蜇伤应使用酸性物质来处理，比如醋。然而，与小苏打能缓解蜜蜂蜇伤的疼痛一样，也没有科学证据能够证明醋能减轻黄蜂蜇人带来的疼痛。唯一确定可行的办法是在伤口处冰敷或涂抹皮质类固醇来缓解肿胀，涂抹含有抗组胺药成分的乳膏以减少过敏反应，并服用止痛药来抑制疼痛。

除蜜蜂外，其他一些昆虫也依靠蚁酸来保护自己。例如蚂蚁。亚马逊雨林中生活着一种特殊的蚂蚁，它们使用蚁酸来巩固蚁群的筑巢地。当地人把这些蚂蚁筑巢的地方称为“魔鬼花园”，因为里面几乎只生长着一种树木——柠檬蚂蚁树（学名 Duroia hirsuta）。亚马逊雨林拥有世界上最大的动植物种群，大部分地区的乔木、灌木、花卉和藤本植物种类繁多，忽然冒出一个只生长着一种树木的地方着实有些骇人。当地人坚信，“魔鬼花园”是由邪恶的精灵种植和照料的。其实，科学家已经发现，造成这些地区树木同质化的罪魁祸首是柠檬蚂蚁（学名

Myrmelachista schumanni）。这些蚂蚁只在 Duroia hirsuta 树上筑巢，因此，人们把这种树称为柠檬蚂蚁树也就不足为奇了。这些蚁群的寿命超过 800 年，大量的筑巢地对它们来说十分重要。柠檬蚂蚁通过毒害该地区的所有其他植物以确保它们有足够的巢穴。每当工蚁发现一株小树苗不是柠檬蚂蚁树时，它就会立刻采取行动，向这株无用的植物叶子中注入蚁酸，被入侵的植物 24 小时内便会死亡。柠檬蚂蚁和柠檬蚂蚁树之间的这种共生关系对它们彼此都是有益的。

除柠檬蚂蚁外，其他蚂蚁也将蚁酸作为武器。事实上，蚁酸在蚂蚁中相当普遍，其名称来自拉丁语“formica”，意为“蚂蚁”。有的蚂蚁会像蜜蜂一样把蚁酸注入它们的受害者体内，如红蚂蚁。其实，蚂蚁、蜜蜂和黄蜂都属于同一生物目：膜翅目。膜翅目昆虫有产卵器——一种使这类昆虫能在它们难以到达的地方产卵的特殊器官。一些蚂蚁、蜜蜂和黄蜂的产卵器已经进化为螯针，用于注射毒液而不是产卵。

还有一些蚂蚁是没有螯针的，如木蚁，但这并不能阻止它们咬人，然后将蚁酸喷到伤口上。在这种情况下，由于毒液未被注入体内，使用小苏打就可以迅速中和毒液和并减轻疼痛。然而，火蚁的毒液含有毒性生物碱。不管咬伤你的蚂蚁的毒液是酸性的还是碱性的，有一件事是一样的，那就是都很痛！

除了动物，其他生物也会用酸来蜇人。刺荨麻长有尖锐的空心刺毛，其中含有蚁酸等多种化学物质，会对不幸碰到它的动物皮肤产生刺激。

被任何动植物刺伤都可能引起严重的过敏反应，对此绝不能掉以轻心。如果有人被蚂蚁、蜜蜂或黄蜂蜇伤了，感到头晕、胸闷或开始气喘，请立即送他们就医。昆虫毒液引起的过敏反应可能给他们带来致命危险。

石灰岩洞穴

酸碱反应也形成了地球上一些蔚为壮观、令人惊叹的洞穴景观。雨水在降落过程中遇到空气中的二氧化碳（CO_2）气体，在流经地面时接触到更多腐烂动植物产生的二氧化碳。最后，一部分雨水与其接触到的二氧化碳发生反应，形成一种弱酸——碳酸：

$$\underset{\text{水}}{H_2O} + \underset{\text{二氧化碳}}{CO_2} \rightarrow \underset{\text{碳酸}}{H_2CO_3}$$

接着，这些碳酸与地下的石灰岩接触。请记住，石灰岩是一种常见的岩石，由碳酸钙（$CaCO_3$）组成。碳酸使碳酸钙溶解。随着越来越多的石灰岩溶解，可能形成大型裂缝、隧道甚

图 7.2　美国弗吉尼亚州卢莱洞穴中的钟乳石、石笋及其他沉积物

至洞穴。由于这些洞穴是溶解的石灰岩形成的，因此石灰岩洞穴也被称为溶洞。这是化学侵蚀的一种形式。

石灰岩洞穴中的各种沉积物也是由石灰岩构成的。从岩石缝隙中流入石灰岩洞穴的水通常含有溶解的石灰岩。当水滴挂在洞顶上时，水中的部分二氧化碳会逸出。在这种情况下，水会因为无法承载之前那么多溶解的石灰岩而滴落。因此，一些石灰岩会以固体形式沉积在洞顶上。这个过程持续不断地进行，水滴一滴一滴积累，直到形成钟乳石。钟乳石的形成是一个极其缓慢的过程。实际上，钟乳石每 100 年只生长大约 0.5 英寸（1.27 厘米）。

石笋是从地面开始向上生长的洞穴沉积物。当含有溶解的石灰岩的水从洞顶滴落并落在同一地点时，就会形成石笋。有

酸的攻击

除了蜜蜂和蚂蚁之外，还有其他生物利用酸进行攻击。细菌，如牙菌斑中的细菌，也是如此。唾液通常使口腔的 pH 值保持在 6.8 左右。任何高于 6.0 的 pH 值都不会对牙齿造成问题。牙菌斑是一种积聚在牙齿上的含有细菌的薄膜，可以导致 pH 值下降。这是因为它含有诸如变形链球菌、嗜酸乳杆菌和乳酸菌等细菌，它们以糖为食并产生乳酸。这些条件可以使口腔中的 pH 值降至 5.5 或更低。

在这种酸性条件下，牙釉质开始分解，导致龋齿（或蛀牙）的形成。当存在变形链球菌、嗜酸乳杆菌和乳酸菌时，食物或饮料中含有多少糖并不重要。真正重要的是糖与牙齿上的产酸细菌的接触时间有多长。细菌和糖的接触时间越长，产生的酸就越多。软饮料、茶和柑橘类饮料中的酸性物质也不利于口腔健康。将口腔恢复到中性 pH 值的最佳方法是刷牙，特别是使用含氟化物的牙膏。氟化物可以强化牙釉质，自来水和牙膏中都含有氟化物。强化牙釉质使其不容易受到细菌产生的乳酸所造成的损害。

时，从钟乳石上滴下来的水会在其正下方形成石笋。最终，钟乳石和石笋相遇，形成石柱。这个过程可能需要数千年甚至数百万年。

食品加工与调味

细菌不仅会侵害牙齿，还会导致严重的疾病。为了防止细菌滋生，罐头食品应运而生。罐头食品一般是将食物煮沸或蒸熟之后制成的。然而，由于没有罐头制造商所拥有的精密机器，人们很难在家中自行制作罐头。不过，有一些其他办法能够用来保存食物，并保证家人的饮食安全。例如，可以利用高温杀死肉毒杆菌，这种细菌会引起一种叫肉毒中毒的致命性食物中毒。另外，酸性条件也能杀死肉毒杆菌。由于细菌无法在 pH 值低于 4.5 的环境下生存，因此在家中将西红柿、梨和桃子这类酸性很强的食物制成罐头是安全的。

然而，用黄瓜和白菜这类酸性不高的食物制作罐头就难以保证安全。黄瓜可以通过将其放入盐和醋溶液中来安全地保存，这个过程叫腌制。腌制溶液中的醋能够将黄瓜的 pH 值降到 3.0 左右，这样就可以放心食用了。很多人将白菜发酵制成酸菜来保存。酸菜的 pH 值约为 3.7。

环境中的酸和碱

金星并不是太阳系中唯一一颗大气层中含有硫酸的行星，地球大气中也含有硫酸。但与金星不同的是，金星过高的地表温度使酸雨无法到达地面。而身为距离太阳第三近的行星，地球则无法享受同样的保护。因此，对于地球来说，酸雨可能是一个严重的问题。

实际上，酸雨是所有酸性降水的统称，包括雪、雨夹雪和雾。当水遇到大气中的硫氧化物和氮氧化物时，就会形成酸

图 7.3　波兰西里西亚克尔科诺谢山国家公园中被酸雨破坏的针叶树林

雨。这些氧化物有自然来源，如火山喷出物或腐烂植物；也有人为来源，如发电厂和汽车排放物。在美国，大气中三分之二的二氧化硫和四分之一的氮氧化物来自燃煤发电厂。

水与硫氧化物（如二氧化硫）接触会形成硫酸，就像在金星大气层或硫酸制造厂中一样。二氧化氮与水反应会生成硝酸和亚硝酸：

$$2\,NO_2 + H_2O \rightarrow HNO_3 + HNO_2$$

二氧化氮　　水　　硝酸　　亚硝酸

只要包含上述任何一种酸的降水都属于酸性降水。

酸性降水的 pH 值低，会破坏森林、杀死鱼类。一些湖泊和溪流的土壤具有天然缓冲能力，能够抵抗酸雨带来的影响，这通常是因为土壤中含有大量石灰。然而，其他湖泊和溪流却没有这种缓冲能力。水的 pH 值不是主要问题——至少不是直接问题。问题在于，在较低的 pH 值下，从湖泊或溪流周围的

酸和碱不能混合

当酸和碱混合时，会发生中和反应。然而，并不是所有的酸和碱都可以混合在一起。例如，漂白剂是一种含有次氯酸钠或次氯酸钙的溶液，绝对不能与任何类型的酸混合在一起，因为产生的化学反应会产生致命的氯气。氯气在一战中被用作化学武器，吸入它会破坏肺组织。肺部充满液体，不幸的受害者最终会因窒息而死亡。

在混合家用清洁剂之前，请阅读产品标签。许多马桶清洁剂含有酸性溶液，一些排水管清洁剂、除锈剂和醋也是如此。绝对不要将漂白剂与这些产品混合使用，否则可能导致永久性肺部损伤。

一些排水管清洁剂含有浓硫酸，而更多的清洁剂则含有氢氧化钠。将这两种化学物质混合并不会释放氯气，但它们之间的反应会释放大量热量。如果有人在试图用一种产品清理堵塞的水槽没有快速解堵时，又换用另一种排水管清洁剂，可能会产生足够的蒸气将整个腐蚀性混合物从水槽中喷出，直接喷到他们的脸上。

氨和氯漂白剂也绝对不能混合使用。尽管漂白剂和氨都是碱性物质，但它们在混合时会释放氯胺（NH_2Cl）气体。氯胺并不像氯气那样危险，但在大量吸入的情况下可能对呼吸道产生刺激。游泳池中添加的氯通常以次氯酸钠的形式存在，这与家用漂白剂中的活性成分相同。游泳池周围的氯气味并不是氯气，而是来自氯胺和其他化合物的气味，当用于消毒游泳池的氯与尿液成分尿素接触时会产生这些氯胺。尿液是如何进入水中的则是一个完全不同的故事。

土壤中渗出的铝化合物的数量。铝对许多水生生物是有毒的。

理想情况下，湖泊和溪流的 pH 值在 6 到 8 之间。然而，美国国家环境保护局在 1984 年至 1986 年进行的全国地表水调查（NSWS）显示，纽约富兰克林小依科庞德湖（Little Echo Pond）的湖水的 pH 值为 4.2，是美国境内酸性最强的湖泊。这项调查还显示，新泽西州派恩巴瑞恩地区酸性河流的占比很高，该地区超过 90% 的溪流呈酸性。对于生活在这些湖泊和溪

	pH 6.5	pH 6.0	pH 5.5	pH 5.0	pH 4.5	pH 4.0
蜗牛						
蛤蜊						
鲈鱼						
小龙虾						
蜉蝣						
鳟鱼						
蝾螈						
河鲈						
青蛙						

图 7.4　不同的 pH 值会杀死的水生生物

流中的鱼来说，这是个非常糟糕的消息。

许多湖泊还出现了间歇性酸化的现象。间歇性酸化是指湖水的 pH 值大多数时间处于正常值范围，但偶尔，当暴雨或冰雪融化带来大量径流时，湖水的 pH 值会显著降低。间歇性酸化有时会导致大量鱼类死亡。由于土壤的缓冲能力较差，美国东北部和加拿大受此影响尤为严重。

低 pH 值不仅会杀死活鱼，还会彻底阻止鱼卵孵化。实际上，大多数鱼卵在 pH 值低于 5 的环境中是无法孵化的。但是，导致成鱼和贝类死亡的 pH 值不同。例如，蛤蜊和蜗牛无法在 pH 值低于 6 的环境中生存。如果 pH 值低于 5.5，小龙虾、海鲈鱼和蜉蝣（一种许多鱼都吃的昆虫）就会消失。鳟鱼、河鲈、蝾螈和青蛙可以在酸性稍强的水中生存。青蛙能承受的最低 pH 值为 4，不幸的是，它们的主要食物——蜉蝣在 pH 值为 5.5 的时候就消失了。

在湖泊酸性特别强的地区，人们尝试通过添加石灰粉（氧化钙）来中和湖泊中的酸。然而，如果湖泊的碱性太强也同样会对水生动植物造成伤害，如何确定添加石灰的安全剂量是一大难题。

酸雨不仅危害动植物，还会破坏建筑物和雕像。石灰岩和大理石这些常见的建筑材料很容易被酸腐蚀。往粉笔上滴一滴醋，就会看到粉笔由于接触到醋中的醋酸而嗞嗞地冒泡并溶解。这是因为粉笔和石灰岩、大理石一样，其中的主要成分都是碳酸钙：

$$CaCO_3 + HC_2H_3O_2 \rightarrow Ca(C_2H_3O_2)_2 + CO_2(g) + H_2O$$

$CaCO_3$	$HC_2H_3O_2$	$Ca(C_2H_3O_2)_2$	$CO_2(g)$	H_2O
碳酸钙（粉笔）	醋酸（醋）	醋酸钙	二氧化碳（气体）	水

当粉笔碰到醋时，会产生二氧化碳气泡。一支涂满醋的粉笔，几天后便会完全溶解。石灰岩在碳酸的作用下溶解，形成石灰岩洞穴。大理石建筑和雕像最终也将被酸雨溶解。

要防止这些问题，最好的办法是从一开始就预防酸雨的形成。减少汽车和发电厂排放的污染物有助于降低酸雨水平，这意味着要节约能源，少开车。人们消耗的能源越少，生产电力所需燃烧的煤炭就越少。这些措施有助于减少大气中的硫氧化物和氮氧化物，从而控制酸雨的产生。

虽然可能引起环境问题，但酸和碱在我们的日常生活中起着极其重要的作用。当然，酸和碱也可能很危险，我们在处理的时候必须十分小心。学习一点酸碱化学知识可以帮助大家了解这些化学物质的好处和危险性。有识公民就可以在工业生产过程以及未来控制这些重要且有益的化学物质可能需要采取的行动（如立法）中作出明智的决策。

附录一　元素周期表

3 Li 锂 6.941 —— 原子序数：3；元素符号：Li；元素名称：锂；原子质量：6.941

1 IA	2 IIA	3 IIIB	4 IVB	5 VB	6 VIB	7 VIIB	8 VIIIB	9 VIIIB
1 H 氢 1.00794								
3 Li 锂 6.941	4 Be 铍 9.0122							
11 Na 钠 22.9898	12 Mg 镁 24.3051							
19 K 钾 39.0938	20 Ca 钙 40.078	21 Sc 钪 44.9559	22 Ti 钛 47.867	23 V 钒 50.9415	24 Cr 铬 51.9962	25 Mn 锰 54.938	26 Fe 铁 55.845	27 Co 钴 58.9332
37 Rb 铷 85.4678	38 Sr 锶 87.62	39 Y 钇 88.906	40 Zr 锆 91.224	41 Nb 铌 92.9064	42 Mo 钼 95.94	43 Tc 锝 (98)	44 Ru 钌 101.07	45 Rh 铑 102.9055
55 Cs 铯 132.9054	56 Ba 钡 137.328	57-70 ☆ 71 Lu 镥 174.967	72 Hf 铪 178.49	73 Ta 钽 180.948	74 W 钨 183.84	75 Re 铼 186.207	76 Os 锇 190.23	77 Ir 铱 192.217
87 Fr 钫 (223)	88 Ra 镭 (226)	89-102 ★ 103 Lr 铹 (260)	104 Rf 𬬻 (261)	105 Db 𬭊 (262)	106 Sg 𬭳 (266)	107 Bh 𬭛 (262)	108 Hs 𬭶 (263)	109 Mt 鿏 (268)

☆ 镧系元素	57 La 镧 138.9055	58 Ce 铈 140.115	59 Pr 镨 140.908	60 Nd 钕 144.24	61 Pm 钷 (145)
★ 锕系元素	89 Ac 锕 (227)	90 Th 钍 232.0381	91 Pa 镤 231.036	92 U 铀 238.0289	93 Np 镎 (237)

括号中的数字是最稳定同位素的原子质量。

（续表）

10 VIIIB	11 IB	12 IIB	13 IIIA	14 IVA	15 VA	16 VIA	17 VIIA	18 VIIIA
								2 He 氦 4.0026
			5 B 硼 10.81	6 C 碳 12.011	7 N 氮 14.0067	8 O 氧 15.9994	9 F 氟 18.9984	10 Ne 氖 20.1798
			13 Al 铝 26.9815	14 Si 硅 28.0855	15 P 磷 30.9738	16 S 硫 32.067	17 Cl 氯 35.4528	18 Ar 氩 39.948
28 Ni 镍 58.6934	29 Cu 铜 63.546	30 Zn 锌 65.409	31 Ga 镓 69.723	32 Ge 锗 72.61	33 As 砷 74.9216	34 Se 硒 78.96	35 Br 溴 79.904	36 Kr 氪 83.798
46 Pd 钯 106.42	47 Ag 银 107.8682	48 Cd 镉 112.412	49 In 铟 114.818	50 Sn 锡 118.711	51 Sb 锑 121.760	52 Te 碲 127.60	53 I 碘 126.9045	54 Xe 氙 131.29
78 Pt 铂 195.08	79 Au 金 196.9655	80 Hg 汞 200.59	81 Tl 铊 204.3833	82 Pb 铅 207.2	83 Bi 铋 208.9804	84 Po 钋 (209)	85 At 砹 (210)	86 Rn 氡 (222)
110 Ds 𫟼 (271)	111 Rg 𬬭 (272)	112 Cn 鿔 (277)	113 Uut (284)	114 Fl 𫓧 (285)	115 Uup (288)	116 Lv 𫟷 (292)	117 Uus ?	118 Uuo ?

62 Sm 钐 150.36	63 Eu 铕 151.966	64 Gd 钆 157.25	65 Tb 铽 158.9253	66 Dy 镝 162.500	67 Ho 钬 164.9303	68 Er 铒 167.26	69 Tm 铥 168.9342	70 Yb 镱 173.04
94 Pu 钚 (244)	95 Am 镅 243	96 Cm 锔 (247)	97 Bk 锫 (247)	98 Cf 锎 (251)	99 Es 锿 (252)	100 Fm 镄 (257)	101 Md 钔 (258)	102 No 锘 (259)

附录二　电子排布

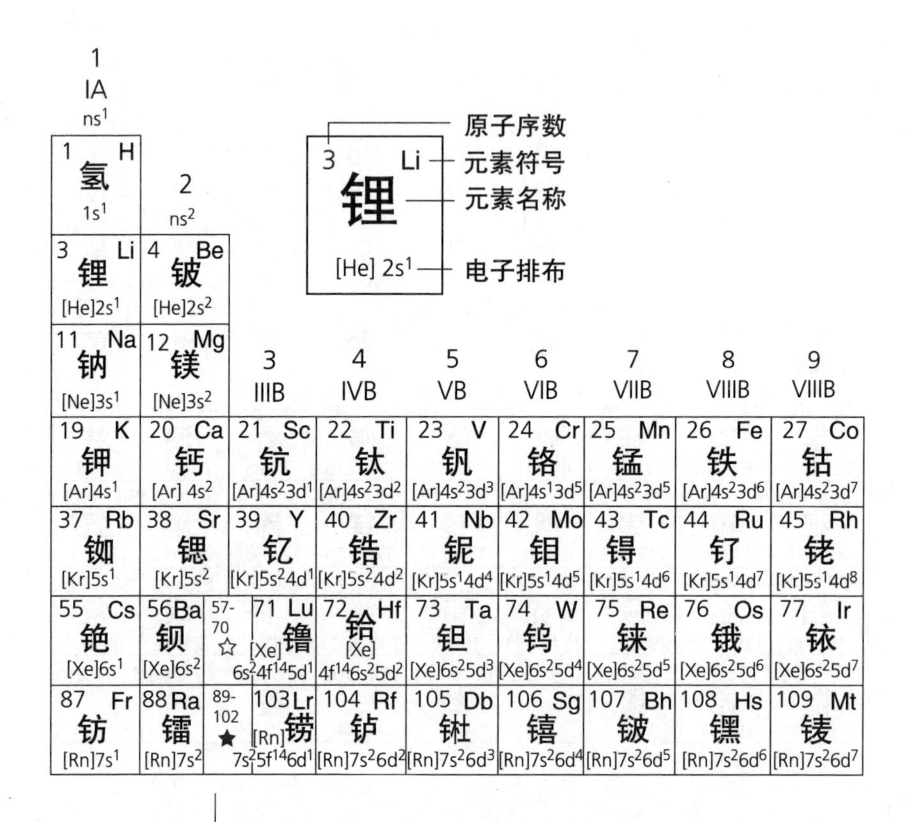

1 IA ns^1	2 ns^2	3 IIIB	4 IVB	5 VB	6 VIB	7 VIIB	8 VIIIB	9 VIIIB
1 H 氢 $1s^1$								
3 Li 锂 $[He]2s^1$	4 Be 铍 $[He]2s^2$							
11 Na 钠 $[Ne]3s^1$	12 Mg 镁 $[Ne]3s^2$							
19 K 钾 $[Ar]4s^1$	20 Ca 钙 $[Ar]\ 4s^2$	21 Sc 钪 $[Ar]4s^2 3d^1$	22 Ti 钛 $[Ar]4s^2 3d^2$	23 V 钒 $[Ar]4s^2 3d^3$	24 Cr 铬 $[Ar]4s^1 3d^5$	25 Mn 锰 $[Ar]4s^2 3d^5$	26 Fe 铁 $[Ar]4s^2 3d^6$	27 Co 钴 $[Ar]4s^2 3d^7$
37 Rb 铷 $[Kr]5s^1$	38 Sr 锶 $[Kr]5s^2$	39 Y 钇 $[Kr]5s^2 4d^1$	40 Zr 锆 $[Kr]5s^2 4d^2$	41 Nb 铌 $[Kr]5s^1 4d^4$	42 Mo 钼 $[Kr]5s^1 4d^5$	43 Tc 锝 $[Kr]5s^1 4d^6$	44 Ru 钌 $[Kr]5s^1 4d^7$	45 Rh 铑 $[Kr]5s^1 4d^8$
55 Cs 铯 $[Xe]6s^1$	56 Ba 钡 $[Xe]6s^2$	57-70 ☆ / 71 Lu 镥 $[Xe]6s^2 4f^{14} 5d^1$	72 Hf 铪 $[Xe]4f^{14} 6s^2 5d^2$	73 Ta 钽 $[Xe]6s^2 5d^3$	74 W 钨 $[Xe]6s^2 5d^4$	75 Re 铼 $[Xe]6s^2 5d^5$	76 Os 锇 $[Xe]6s^2 5d^6$	77 Ir 铱 $[Xe]6s^2 5d^7$
87 Fr 钫 $[Rn]7s^1$	88 Ra 镭 $[Rn]7s^2$	89-102 ★ / 103 Lr 铹 $[Rn]7s^2 5f^{14} 6d^1$	104 Rf 𬬻 $[Rn]7s^2 6d^2$	105 Db 𬭊 $[Rn]7s^2 6d^3$	106 Sg 𬭳 $[Rn]7s^2 6d^4$	107 Bh 𬭛 $[Rn]7s^2 6d^5$	108 Hs 𬭶 $[Rn]7s^2 6d^6$	109 Mt 鿏 $[Rn]7s^2 6d^7$

☆ 镧系元素

★ 锕系元素

57 La 镧 $[Xe]\ 6s^2 5d^1$	58 Ce 铈 $[Xe]\ 6s^2 4f^1 5d^1$	59 Pr 镨 $[Xe]\ 6s^2 4f^3 5d^0$	60 Nd 钕 $[Xe]\ 6s^2 4f^4 5d^0$	61 Pm 钷 $[Xe]\ 6s^2 4f^5 5d^0$
89 Ac 锕 $[Rn]7s^2 6d^1$	90 Th 钍 $[Rn]\ 7s^2 5f^0 6d^2$	91 Pa 镤 $[Rn]\ 7s^2 5f^2 6d^1$	92 U 铀 $[Rn]\ 7s^2 5f^3 6d^1$	93 Np 镎 $[Rn]\ 7s^2 5f^4 6d^1$

（续表）

10 VIIIB	11 IB	12 IIB	13 IIIA $ns^{2}np^{1}$	14 IVA $ns^{2}np^{2}$	15 VA $ns^{2}np^{3}$	16 VIA $ns^{2}np^{4}$	17 VIIA $ns^{2}np^{5}$	18 VIIIA $ns^{2}np^{6}$
								2 He 氦 $1s^{2}$
			5 B 硼 $[He]2s^{2}2p^{1}$	6 C 碳 $[He]2s^{2}2p^{2}$	7 N 氮 $[He]2s^{2}2p^{3}$	8 O 氧 $[He]2s^{2}2p^{4}$	9 F 氟 $[He]2s^{2}2p^{5}$	10 Ne 氖 $[He]2s^{2}2p^{6}$
			13 Al 铝 $[Ne]3s^{2}3p^{1}$	14 Si 硅 $[Ne]3s^{2}3p^{2}$	15 P 磷 $[Ne]3s^{2}3p^{3}$	16 S 硫 $[Ne]3s^{2}3p^{4}$	17 Cl 氯 $[Ne]3s^{2}3p^{5}$	18 Ar 氩 $[Ne]3s^{2}3p^{6}$
28 Ni 镍 $[Ar]4s^{2}3d^{8}$	29 Cu 铜 $[Ar]4s^{1}3d^{10}$	30 Zn 锌 $[Ar]4s^{2}3d^{10}$	31 Ga 镓 $[Ar]4s^{2}4p^{1}$	32 Ge 锗 $[Ar]4s^{2}4p^{2}$	33 As 砷 $[Ar]4s^{2}4p^{3}$	34 Se 硒 $[Ar]4s^{2}4p^{4}$	35 Br 溴 $[Ar]4s^{2}4p^{5}$	36 Kr 氪 $[Ar]4s^{2}4p^{6}$
46 Pd 钯 $[Kr]4d^{10}$	47 Ag 银 $[Kr]5s^{1}4d^{10}$	48 Cd 镉 $[Kr]5s^{2}4d^{10}$	49 In 铟 $[Kr]5s^{2}5p^{1}$	50 Sn 锡 $[Kr]5s^{2}5p^{2}$	51 Sb 锑 $[Kr]5s^{2}5p^{3}$	52 Te 碲 $[Kr]5s^{2}5p^{4}$	53 I 碘 $[Kr]5s^{2}5p^{5}$	54 Xe 氙 $[Kr]5s^{2}5p^{6}$
78 Pt 铂 $[Xe]6s^{1}5d^{9}$	79 Au 金 $[Xe]6s^{1}5d^{10}$	80 Hg 汞 $[Xe]6s^{2}5d^{10}$	81 Tl 铊 $[Xe]6s^{2}6p^{1}$	82 Pb 铅 $[Xe]6s^{2}6p^{2}$	83 Bi 铋 $[Xe]6s^{2}6p^{3}$	84 Po 钋 $[Xe]6s^{2}6p^{4}$	85 At 砹 $[Xe]6s^{2}6p^{5}$	86 Rn 氡 $[Xe]6s^{2}6p^{6}$
110 Ds 鐽 $[Rn]7s^{1}6d^{9}$	111 Rg 錀 $[Rn]7s^{1}6d^{10}$	112 Cn 鎶 $[Rn]7s^{2}6d^{10}$	113 Uut ?	114 Fl 𫓧 ?	115 Uup ?	116 Lv 𫟷 ?	117 Uus ?	118 Uuo ?

62 Sm 钐 $[Xe]$ $6s^{2}4f^{6}5d^{0}$	63 Eu 铕 $[Xe]$ $6s^{2}4f^{7}5d^{0}$	64 Gd 钆 $[Xe]$ $6s^{2}4f^{7}5d^{1}$	65 Tb 铽 $[Xe]$ $6s^{2}4f^{9}5d^{0}$	66 Dy 镝 $[Xe]$ $6s^{2}4f^{10}5d^{0}$	67 Ho 钬 $[Xe]$ $6s^{2}4f^{11}5d^{0}$	68 Er 铒 $[Xe]$ $6s^{2}4f^{12}5d^{0}$	69 Tm 铥 $[Xe]$ $6s^{2}4f^{13}5d^{0}$	70 Yb 镱 $[Xe]$ $6s^{2}4f^{14}5d^{0}$
94 Pu 钚 $[Rn]$ $7s^{2}5f^{6}6d^{0}$	95 Am 镅 $[Rn]$ $7s^{2}5f^{7}6d^{0}$	96 Cm 锔 $[Rn]$ $7s^{2}5f^{7}6d^{1}$	97 Bk 锫 $[Rn]$ $7s^{2}5f^{9}6d^{0}$	98 Cf 锎 $[Rn]$ $7s^{2}5f^{10}6d^{0}$	99 Es 锿 $[Rn]$ $7s^{2}5f^{11}6d^{0}$	100 Fm 镄 $[Rn]$ $7s^{2}5f^{12}6d^{0}$	101 Md 钔 $[Rn]$ $7s^{2}5f^{13}6d^{0}$	102 No 锘 $[Rn]$ $7s^{2}5f^{14}6d^{1}$

附录三　原子质量表

元素	符号	原子序数	原子质量	元素	符号	原子序数	原子质量
锕	Ac	89	（227）	锿	Es	99	（252）
铝	Al	13	26.9815	铒	Er	68	167.26
镅	Am	95	243	铕	Eu	63	151.966
锑	Sb	51	121.76	镄	Fm	100	（257）
氩	Ar	18	39.948	氟	F	9	18.9984
砷	As	33	74.9216	钫	Fr	87	（223）
砹	At	85	（210）	钆	Gd	64	157.25
钡	Ba	56	137.328	镓	Ga	31	69.723
锫	Bk	97	（247）	锗	Ge	32	72.61
铍	Be	4	9.0122	金	Au	79	196.9655
铋	Bi	83	208.9804	铪	Hf	72	178.49
𬭛	Bh	107	（262）	𬭶	Hs	108	（263）
硼	B	5	10.81	氦	He	2	4.0026
溴	Br	35	79.904	钬	Ho	67	164.9303
镉	Cd	48	112.412	氢	H	1	1.00794
钙	Ca	20	40.078	铟	In	49	114.818
锎	Cf	98	（251）	碘	I	53	126.9045
碳	C	6	12.011	铱	Ir	77	192.217
铈	Ce	58	140.115	铁	Fe	26	55.845
铯	Cs	55	132.9054	氪	Kr	36	83.798
氯	Cl	17	35.4528	镧	La	57	138.9055
铬	Cr	24	51.9962	铹	Lr	103	（260）
钴	Co	27	58.9332	铅	Pb	82	207.2
铜	Cu	29	63.546	锂	Li	3	6.941
锔	Cm	96	（247）	镥	Lu	71	174.967
𫟼	Ds	110	（271）	镁	Mg	12	24.3051
𬭊	Db	105	（262）	锰	Mn	25	54.938
镝	Dy	66	162.5	鿏	Mt	109	（268）

（续表）

元素	符号	原子序数	原子质量	元素	符号	原子序数	原子质量
钔	Md	101	（258）	𬬻	Rf	104	（261）
汞	Hg	80	200.59	钐	Sm	62	150.36
钼	Mo	42	95.94	钪	Sc	21	44.9559
钕	Nd	60	144.24	𬭳	Sg	106	（266）
氖	Ne	10	20.1798	硒	Se	34	78.96
镎	Np	93	（237）	硅	Si	14	28.0855
镍	Ni	28	58.6934	银	Ag	47	107.8682
铌	Nb	41	92.9064	钠	Na	11	22.9898
氮	N	7	14.0067	锶	Sr	38	87.62
锘	No	102	（259）	硫	S	16	32.067
锇	Os	76	190.23	钽	Ta	73	180.948
氧	O	8	15.9994	锝	Tc	43	（98）
钯	Pd	46	106.42	碲	Te	52	127.6
磷	P	15	30.9738	铽	Tb	65	158.9253
铂	Pt	78	195.08	铊	Tl	81	204.3833
钚	Pu	94	（244）	钍	Th	90	232.0381
钋	Po	84	（209）	铥	Tm	69	168.9342
钾	K	19	39.0938	锡	Sn	50	118.711
镨	Pr	59	140.908	钛	Ti	22	47.867
钷	Pm	61	（145）	钨	W	74	183.84
镤	Pa	91	231.036	鿔	Cn	112	（277）
镭	Ra	88	（226）	铀	U	92	238.0289
氡	Rn	86	（222）	钒	V	23	50.9415
铼	Re	75	186.207	氙	Xe	54	131.29
铑	Rh	45	102.9055	镱	Yb	70	173.04
𬬭	Rg	111	（272）	钇	Y	39	88.906
铷	Rb	37	85.4678	锌	Zn	30	65.409
钌	Ru	44	101.07	锆	Zr	40	91.224

附录四 术语定义

酸碱指示剂 遇到酸或碱时会变色的物质。

两性物质 根据不同环境既能充当酸又能充当碱的化合物。

阴离子 带负电荷的离子。

原子 构成元素的最小单位，仍然具有元素的性质。

二元酸 仅由两种元素组成的酸。

缓冲溶液 当加入少量酸或碱时，能抵抗 pH 值变化的溶液。

缓冲容量 在 pH 值发生显著变化之前能够向缓冲溶液中加入酸或碱的量。

阳离子 带正电荷的离子。

化合物 两种或两种以上元素化学键合在一起的物质。

浓（化学） 溶液所含酸或碱的比例高于水。

共轭酸 碱接受氢离子后形成的酸。

共轭碱 酸给出氢离子后形成的碱。

稀 溶液所含水的比例高于酸或碱。

解离（化学） 分解成离子。

双置换反应 一个反应物中的正离子取代另一个反应物中的正离子的化学反应。

动态平衡 可逆反应中的正反应与逆反应发生的速率相同。

电流 电子的流动。

电解质 能够导电的物质。

电子 原子核外带负电的亚原子粒子，围绕原子核在各个能级或壳层上运动。

元素 使用一般的化学方法不能使之分解成更简单物质的物质。

酶 一种生物催化剂。

放热 释放热量的化学反应。

非均匀 成分不均一的物质。

均匀 成分均一的物质。

离子 原子得到或失去电子时形成的带电粒子。

离子化合物 由带正电的离子和带负电的离子组成的化合物。

电离 分解成离子。

物质守恒定律 说明物质既不能被创造也不能被毁灭的定律。

中和反应 酸和碱发生化学反应，生成盐和水。

中子 原子核中的电中性亚原子粒子。

原子核 原子的核心。

八隅体规则 一条经验规则，说明当原子的最外层能级包含 8 个电子时，原子处于更稳定的状态。

多原子离子 作为一个单元反应的带电原子团。

沉淀物 由于发生化学反应而从溶液中析出的固体物质。

生成物 化学反应生成的新物质。

质子 原子核中带正电的亚原子粒子。

反应物 化学反应开始时存在的物质。

盐 酸和碱反应生成的离子化合物。

可溶 物质能够被溶解。

溶液 由两种或两种以上物质组成的均匀混合物。

强酸 在水中完全电离的酸。

强碱 在水中完全电离的碱。

价电子 原子最外层能级上的电子，能与其他原子相互作用形成化学键。

弱酸 在水中不完全电离的酸。

弱碱 在水中不完全电离的碱。

关于作者

克里斯季·卢（Kristi Lew）是一位生物化学和遗传学专业的前高中科学教师。在课堂和细胞遗传学实验室度过多年后，她决定全职从事写作。她是超过 20 本面向学生和教师的非虚构科学书籍的作者。